城市建筑指南

大连

范悦　邹雷　张琼　著

U0385247

中国建筑工业出版社

图书在版编目（CIP）数据

城市建筑指南　大连 / 范悦，邹雷，张琼著. —北京：
中国建筑工业出版社，2014.10

ISBN 978-7-112-17244-3

Ⅰ．①城…　Ⅱ．①范…②邹…③张…　Ⅲ．①城市规划—
大连市—指南　Ⅳ．①TU984.313-62

中国版本图书馆CIP数据核字（2014）第208207号

责任编辑：徐　冉
责任校对：姜小莲　刘梦然

城市建筑指南　大连

范悦　邹雷　张琼　著

＊

中国建筑工业出版社出版、发行（北京西郊百万庄）

各地新华书店、建筑书店经销

北京美光设计制版有限公司制版

北京顺诚彩色印刷有限公司印刷

＊

开本：787×1092毫米　1/64　印张：3¾　字数：168千字
2014年9月第一版　2014年9月第一次印刷
定价：42.00元

ISBN 978-7-112-17244-3
(25995)

前言

当我们端详一个建筑的时候，它所矗立的土地、环境的历史共同形成我们揣摩建筑的要素，反过来说，多数这样的建筑构成对于街区绵延的印象，进而形成对于一个城市风貌的理解和记忆。本书对于"城市建筑指南"（以下为"指南"）的理解，在注重建筑的个性化设计的同时，又需要考虑其在一方土地上的含义。希望我们的指南能从个个的建筑或组群的介绍出发，最终形成关于街道、地区以及城市脉络的相对完整和真实的阐释，也希望引发建筑工作者对于城市性格及建筑设计的相关思考。

说起大连城市的历史，离不开百余年前列强的侵入和长达半个世纪的统治，城市及建筑风格因而带有较强的殖民文化的色彩。自1860年英国舰队登陆大连湾，1899年沙皇尼古拉二世宣布建设军港城市大连，1904年日本开始殖民统治以来，逐渐形成相对完整的城市街路格局和广场节点网络。建筑风格虽受当时统治者意愿的影响，多为复古和折中样式，但也不乏结合大连气候和地域特点的佳作。由于这些建筑总体设计和建造质量较高，已成为大连城市风貌的重要组成部分。

新中国成立后的很长一段时期，城市建设比较缓慢，加之受大连山地和滨海地域特点的影响，城市格局和肌理基本得到了延续和发展，形成了像"青泥洼桥"、"天津街"、

"中山广场"、"南山街"、"港湾桥"、"高尔基路"、"斯大林路"等有特色的城市节点。改革开放以来，尤其是 20 世纪 90 年代中后期以后，全国迎来快速城市化的热潮，大连城市建筑也发生了巨大的变化。随着新建城市地标和大片高档住区拔地而起，很大程度冲击了百年延续的城市格局，一些传统城市肌理和节点快速消亡，出现了诸如"星海广场"、"西安路"、"东港"、"高新区"等新生城市中心和行政区划。

面对大连城市和建筑的快速变容，我和同事们大约在十年前发起了"城市探珍"的活动，目的是找寻和发现蕴含城市记忆和发展的"基因"和"变异"要素，助推新型建筑学和城市学方法的研究，先后完成了"南山街老房子测绘表现"、"北京街社区改造调研"、"东港十五库改造设计研究"等。这些研究成果无论在方法上还是内容上，都对本指南的撰写有较大的帮助。

本指南的作品采集范围集中在大连的传统城区，即中山区、西岗区、沙河口区、甘井子区、旅顺口区以及从甘井子区衍生出来的高新区。鉴于上述城市研究的背景，指南新旧建筑兼顾，共选取了 147 件建筑作品。每件作品包括基础信息介绍以及建筑评述，并配上实拍图片。作品信息和评述文字经过了全面的整理和撰写。图片除了少数由专家提供以外，全部为作者拍摄。一些作品还增加了插图。作品选取过程除了通过实地观测调研、专家讨论和推荐以外，还参考了政府的保护性建筑名录，以及相关新建筑的评优结果。希望通过这些作品，能让读者感受到些许大连建筑的"气质"，以及设计者的良苦用心。

本指南自 2012 年夏季开始着手准备，在 2013 年经历了书籍策划较大调整。不仅图书开本变小了，还加大了对于作品的图片效果以及排版美观方面的要求。这样，大大提高了调研和摄影的工作强度，大部分的作品都需要重新拍摄。在之后的时间里，调研和摄影经历了千辛万苦。建筑摄影受季节、天候、环境等条件影响非常大，要拍出真实和比较专业的作品不容易。另外，我们的社会，有关建筑（设计）以及设计者信息保全方面不够重视，比较专业的信息在建成使用后基本都"消失殆尽"，给信息整理工作造成很大的困难。对于一些老的建筑，其信息还存在着如何克服以讹传讹的问题。我有时觉得，一个城市只有形成比较完整的建筑（设计）信息库，并逐渐成为向全社会开放的知识库，其城市建筑才算真正走向正轨和常态化，才能真正有助于社会对于建筑的关注度和鉴赏力的提升。本指南希望在各方人士的帮助下，为达成这样目标做一点铺垫。

范悦

2014 年 8 月

目录

西岗区

沙河口区

甘井子区

高新园区

旅顺口区

P194-232

L-旅顺口区

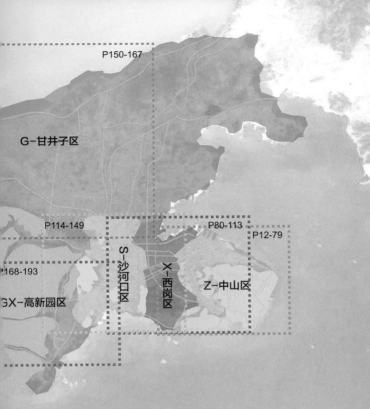

P150-167

G-甘井子区

P114-149

P80-113

P12-79

S-沙河口区

X-西岗区

Z-中山区

P168-193

GX-高新园区

大连区位图

中山区行政区图

海滨北路

迎宾路

海之韵公园

Z-VIII

东北路

海乐路

中山区分区图

1km

ZX- 中山区与西岗区交接处

Z-III

Z-32

Z-28   Z-29   Z-31

跃进路   人民路

港湾桥

Z-30

疏港路

人民路   长江东路   Z-33

Z-27   五五路   港湾桥

50   150   250
0   100   200

Z-IV

绿园街   解放路

劳动公园   胜利东路   Z-36

Z-35

胜利东路

解放路

Z-34

25   75   125
0   50   100

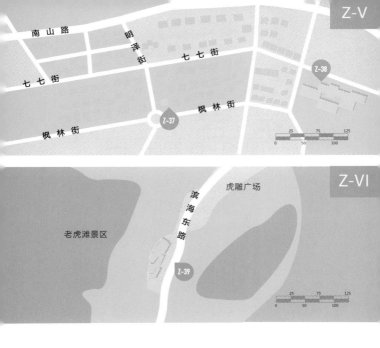

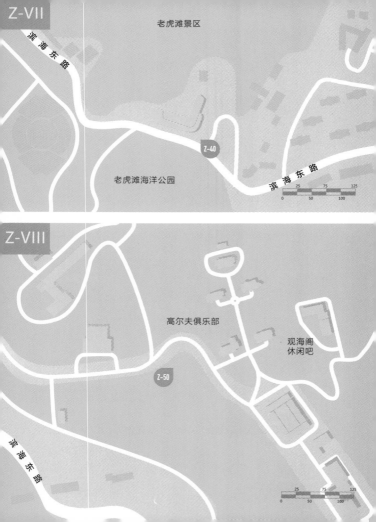

Z-VII

老虎滩景区

滨海东路

Z-40

老虎滩海洋公园

滨海东路

25　75　125
0　50　100

Z-VIII

高尔夫俱乐部

观海阁
休闲吧

Z-50

滨海东路

25　75　125
0　50　100

大连火车站
Dalian Railway Station

建筑面积/Area：8443㎡　设计师/公司/Designer：太田宗太郎、小林良治　建成时间/Built time：1937年　地理位置/Location：N38°55'17.40" E121°37'40.31"　地址/Address：中山区长江路（近渤海明珠大酒店）Changjiang Road, Zhongshan District (Near Bohaimingzhu Hotel)　用途/Function：交通建筑, Transportation Building　公交车/Bus：7/13/30/31/39/101/201　联系方式/Contact：0411-82831222

大连市的标志性建筑，建设之初是亚洲最大的火车站，外观形式与日本上野火车站相仿。设计方案源于竞标设计一等奖，设计者为伪满洲铁路建筑科的小林良治。建筑为框架结构，建筑师利用南北坡地的落差，设计了双层候车厅，首层地面与铁路站台标高相同，二层楼面则与路面标高接近。站前自然形成缓坡倾斜的大广场，与城市空间连为一体。旅客可由广场进入首层候车厅，也可经两侧弧形伸展的大坡道直接进入二层候车厅。大连火车站在20世纪末开始，进行了大规模的改扩建，在保持火车站原貌的基础上，为适应高铁运营需求，大幅拓展了内部线路与设施，增建了北站台，使南北广场相互贯通。

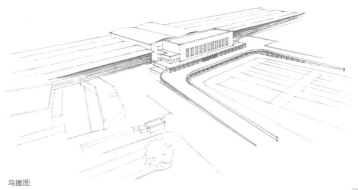

鸟瞰图

Z-02 九州华美达酒店

中山区

Jiuzhou Huameida Hotel

建筑面积/Area：43850㎡ 设计师/公司/Designer：— 建成时间/Built time：1989年 地理位置/Location：N38°55'12.16" E121°37'51.32" 地址/Address：中山区胜利广场18号 No. 18, the Victory Square, Zhongshan District 用途/Function：旅馆建筑 Hotel Building 公交车/Bus：7/13/30/101/201/408/414/521/525/531/909 联系方式/Contact：0411-88902888

基地呈三角形，位于大连市中心繁华地带，近接大连商业步行街天津街与大连火车站。建筑平面呈三角形，地上23层，地下1层。建筑外型新颖，立面形式简洁，构成感强，为大连早期（20世纪80年代）涉外酒店的优秀设计案例。

国合国际公寓（汇邦中心）

Guohe International Apartments (Huibang Center)

建筑面积/Area：62553m² 设计师/公司/Designer：大连市建筑设计研究院 建成时间/Built time：2011年 地理位置/Location：N38°55'3.12" E121°38'27.06" 地址/Address：中山广场南200m，解放街与一德街交汇处 200 meters south of Zhongshan Square, the junction of Jiefang Street and Yide Street 用途/Function：综合体 Complex Building 公交车/Bus：7/15/16/19/23/405/409/801 联系方式/Contact：0411-86475555 0411-86476666

基地位于中山广场附近繁华区人民路沿线重要地段。为高34层，框架核心筒结构的高层建筑。城市高端公寓及商业综合体，造型新颖，立面简洁。由三部分体块围绕中间核心筒组成，每部分之间构成夹角，使建筑拥有良好的景观和采光效果。

中国联通营业厅（大连中央邮便局旧址）
China Unicom Business Hall (Dalian Central Post Site)

建筑面积/Area：18000㎡　设计师/公司/Designer：臼井健三/伪满洲关东厅内务局土木科　建成时间/Built time：1930年　地理位置/Location：N38°55'30.96" E121°38'4.72"　地址/Address：中山区长江路134号　No.134, Changjiang Road, Zhongshan District　用途/Function：行政办公建筑 Office Building　公交车/Bus：站北广场—旅顺汽车站　联系方式/Contact：0411-82812422

位于大连传统中心区胜利桥地带，为大连市保护建筑。1929年由伪满洲关东厅内务局土木科的臼井健三设计，建筑高4层，建筑面积18000㎡。在日本统治时期，该楼为大连递信局。20世纪40年代，改称大连中央电报局、大连中央电话局。建筑呈简约的新古典主义风格，细部带有中国及日本的装饰特点。

建筑面积/Area：23800m²　设计师/公司/Designer：大连市建筑设计研究院　建成时间/Built time：2000年　地理位置/Location：N38°55'33.22" E121°38'16.52"　地址/Address：中山区长江路123号 No.123, Changjiang Road, Zhongshan District　用途/Function：旅馆建筑 Hotel Building　公交车/Bus：40/201/403/712　联系方式/Contact：0411-82529999

坐落于传统中心区民主广场，为港湾广场与胜利桥的中间地段。此建筑高36层，原为希尔顿酒店，平面呈圆形布局，使多数客房享有良好的观海及城市景观。

总平面图

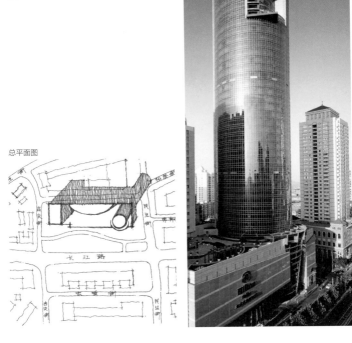

宏济大舞台
Hongji Stage

建筑面积/Area：5400㎡　设计师/公司/Designer：—　建成时间/Built time：1908年　地理位置/Location：N38°55'28.77" E121°38'18.60"　地址/Address：中山区民生街59号 No.59, Minsheng Street, Zhongshan District　用途/Function：观览建筑 Performing Building　公交车/Bus：40/201/403/707/712　联系方式/Contact：0411-82645097

大连市第一批文物保护建筑，早期为天福茶园，又名天福大戏院，1934年重新改建为宏济大舞台，现为人民剧院。该建筑为砖石结构，地上3层，地下1层，是一座具有百年历史的欧风洋楼，顶部为铜制半圆形穹顶，立面中轴对称，以柱廊强调入口空间。2010年后改造为可容纳600位宾客的功能剧院，拥有宽16m、深18m舞台以及自动升降乐池等。

国际金融大厦（原中银大厦） Z-07
International Financial Tower (Former Bank of China Tower)
中山区

建筑面积/Area：56672m²　设计师/公司/Designer：崔岩、赵涛/大连市建筑设计研究院　建成时间/Built time：2001年　地理位置/Location：N38°55'16.60" E121°38'31.19"　地址/Address：中山区人民路15号 No. 15, Renmin Road, Zhongshan District　用途/Function：行政办公建筑 Office Building　公交车/Bus：40/7/409/707/712/15/16/405　联系方式/Contact：0411-82507008

基地位于中山广场附近繁华区人民路沿线重要地段。塔楼设计体现现代高层建筑特点，写字间室内为完全弹性大空间，立面采用具有良好透光和隔热效果的玻璃幕墙。高120m，地上28层，地下2层。辽宁省优秀工程设计。

建筑面积/Area：10074㎡　设计师/公司/Designer：小野木横井建筑事务所　建成时间/Built time：1930年　地理位置/Location：N38°55'20.86" E121°38'12.90"　地址/Address：中山区上海路6号 No. 6, Shanghai Road, Zhongshan District　用途/Function：旅馆建筑 Hotel Building　公交车/Bus：40/414/613/702/707/712　联系方式/Contact：0411-82633171

大连市第一批重点保护建筑，建筑采用标准的三段式立面构图，呈现典型的新古典主义风格。早期日本设计师受现代主义思潮影响，立面处理韵律感强，尤其在建筑转角处的弧形墙设计令人印象深刻。弧形阳台以及券洞的处理，极大地烘托了主入口，使其具有很强的标志性及可识别性。建筑物的顶层曾遭遇火灾后被修复。

KFC 友好广场店
KFC, Friendship Square

建筑面积/Area：**864㎡**　设计师/公司/Designer：**—**　建成时间/Built time：**1907年**　地理位置/
Location：**N38°55'11.58" E121°38'6.47"**　地址/Address：**中山区友好广场8号 No. 8, Youhao Square**
用途/Function：**商业建筑 Commercial Building**　公交车/Bus：**23/901/16/19/409/710**　联系方式/
Contact：**0411-82801906**

大连市第三批重点保护建筑，原来是基督长老会堂，曾被用作中山区文化馆，为友好广
场上的标志性建筑。建筑呈哥特式建筑风格，高 3 层，砖混结构，由日本新派建筑师设
计完成，已多次被重新装修和改造。

建筑面积/Area：20000㎡ 设计师/公司/Designer：大连市建筑设计研究院 建成时间/Built time：1979年 地理位置/Location：N38°55'12.24" E121°38'9.54" 地址/Address：中山区胜利广场3号 No. 3, Shengli Square, Zhongshan District 用途/Function：住宅建筑 Housing Building 公交车/Bus：7/15/16/19/30/40/403/708/901 联系方式/Contact：—

基地位于中心区友好广场附近，中山路沿线中心地段。为 20 世纪 80 年代建造的第一座高层住宅建筑。建筑为 15 层高，由两座板式建筑构成，从建设之初就被大连市民称为"姉妹楼"。

地理位置 /Location：N38°55'14.59"
E121°38'19.89"
地址 /Address：大连市中山区人民路、
中山路、民生街、延安路、解放路、
上海街的交汇处 The Junction of Renmin
Road, Zhongshan Road, Minsheng Street,
Yanan Road, Jiefang Road, Shanghai Street
公交车 /Bus：15/16/19/23/30/40/4
03/405/409/506/515/517/532/533/
534/701

大连有着"广场之城"的美誉，有着几百个大大小
小的广场，其中，中山广场历史最为悠久，是大连
人心中最重要的广场。中山广场始建于 1899 年，
日本占领时期被称作"大广场"。解放后，广场虽
几经改造，但值得庆幸的是，它还依然保持着原有
的韵味。广场占地面积 2.2 万 m²，直径 168m，沿
着广场坐落着几座经典的建筑，代表着大连城市的
发展历史。

鸟瞰图

Z-11 中国工商银行大连中山广场支行（朝鲜银行大连支行旧址）

建筑面积 /Area：5278 ㎡
设计师、公司 /Designer：
中村与资平建筑事务所
建成时间 /Built time：1920 年
用途 /Function：
行政办公建筑 Office Building

Z-12 大连邮政局办公楼（关东都督府邮便电信局旧址）

建筑面积 /Area：2556 ㎡
设计师、公司 /Designer：
松室重光 / 关东都督府民政部土木课
建成时间 /Built time：1918 年
用途 /Function：
行政办公建筑　Office Building

Z-13 中国银行大连市分行中山广场支行（横滨正金银行大连支行旧址）

建筑面积 /Area：2805 ㎡
设计师、公司 /Designer：
太田毅、妻木赖黄
建成时间 /Built time：1909 年
用途 /Function：
行政办公建筑 Office Building

建筑面积 /Area：6451 ㎡
设计师 / 公司 /Designer：纳耶夫（白俄）
建成时间 /Built time：1951 年（1995 年）
用途 /Function：观演建筑 Performing Building

老照片

大连市第一批重点保护建筑。两层框架结构建筑，1951 年建造。区别于中山广场上的其他建筑，设计采用现代主义建筑样式，外观简洁大方，内部为大跨度圆形穹顶，是当时国内比较先进的剧场建筑。1995 年后，为迎合新的公众需求，经历了多次改造和翻新，外观形式逐步走向了现在的欧式复古风格。

中信银行大连市分行
中山广场支行（中国银
行大连支行旧址）

建筑面积 /Area：1762 m²
设计师 / 公司 /Designer：庄俊
建成时间 /Built time：1909 年
用途 /Function：
行政办公建筑 Office Building

Z-16 交通银行大连市分行
（东洋拓殖株式会社
大连支店旧址）

建筑面积 /Area：8105 m²
设计师 / 公司 /Designer：
宗像建筑事务所
建成时间 /Built time：1936 年
用途 /Function：
行政办公建筑 Office Building

Z-17 中国工商银行大连市分
行（大连市役所旧址）

建筑面积 /Area：9870 m²
设计师 / 公司 /Designer：
松室重光 / 关东都督府土木科
建成时间 /Built time：1915~1919年
用途 /Function：
行政办公建筑 Office Building

Z-18 花旗银行大连市分行
（大连民政署旧址）

建筑面积 /Area：3350 m²
设计师 / 公司 /Designer：前田松韵
建成时间 /Built time：1907 年
用途 /Function：
行政办公建筑 Office Building

大连宾馆
（大和旅馆旧址）

建筑面积 /Area： 11376 ㎡
设计师 / 公司 /Designer：
太田毅、吉田宗太郎 / 满铁建筑课
建成时间 /Built time： 1914 年
用途 /Function： 旅馆建筑 Hotel Building

大连市第一批重点保护建筑，全国重点文物保护单位。中山广场上最重要的近代建筑之一。日本侵占时期作为最高级建筑设计与建筑。建筑为 4 层、钢混结构，采用新古典主义建筑风格，并融合了许多巴洛克式装饰手法。门前优美的钢结构雨搭成为建筑的标志性装饰。20 世纪末开始对建筑室内进行了全面的修缮与改造，逐步恢复了原有的华丽与优美。

Z-20 基督教玉光街教堂

中山区 Yuguang Street Church

建筑面积/Area：420㎡　设计师/公司/Designer：威廉姆斯（德国）　建成时间/Built time：1934年　地理位置/Location：N38°55'8.54" E121°38'15.83"　地址/Address：中山区玉光街2号 No.2, Yuguang Street, Zhongshan　用途/Function：宗教建筑 Religious Building　公交车/Bus：15/16/19/23/30/409　联系方式/Contact：0411-82630583

大连市第一批重点保护建筑。建筑位于中山广场附近，原为圣公会礼拜堂，建于1934年。建筑主体为两层高的哥特式建筑，砖石结构。入口一侧建有标志性的塔楼，体形粗壮而挺拔，并配有精致的细部造型和线脚。室内空间朴实而完整，具有北方地区教堂的特点。

剖轴测图

平面图

建筑面积/Area： —　设计师/公司/Designer：大连市建筑设计研究院　建成时间/Built time：1989年　地理位置/Location：N38°55'6.09" E121°38'25.81"　地址/Address：中山区解放街1号 No. 1, Jiefang Street, Zhongshan District　用途/Function：酒店建筑 Hotel Building　公交车/Bus：506/532/23　联系方式/Contact：0411-84640001

基地位于中山广场附近繁华区人民路沿线重要地段。平面呈三角形，高22层，钢筋混凝土结构。板楼设计体现现代高层建筑特点，外形新颖，立面形式简洁，构成感强。

大连大学附属中山医院（满铁大连医院旧址）

Affiliated Zhongshan Hospital of Dalian University (Dalian, Manchuria Railway Hospital Site)

建筑面积/Area：32685㎡　设计师/公司/Designer：小野木孝治等/满铁建筑课　George A. Fuller Company of Orient Ltd.　建成时间/Built time：1925年　地理位置/Location：N38°55'0.91" E121°38'32.75"　地址/Address：中山区解放路6号 No. 6, Jiefang Street, Zhongshan District　用途/Function：医疗建筑 Medical Building　公交车/Bus：506/515/517　联系方式/Contact：0411-60893015

建筑位于地势较高地段，基地呈等腰三角形，交点与中山广场遥相呼应。最早于1912年由伪满铁建造科的小野木孝治负责制定方案并开始建造，其后设计建造过程颇为曲折。建成之时号称当时亚洲最先进的医疗建筑。总平面图中轴对称布局，各栋建筑如同翼膀，分列两侧，各栋之间拥有良好的采光和庭院环境。建筑呈简约的近代折中主义风格，立面做工精良，墙体划分结合面砖使用，酿造出整体性强并具有现代感的建筑气质。

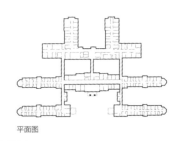

平面图

老照片

鸟瞰图

建筑面积/Area：**18300㎡** 设计师/公司/Designer： — 建成时间/Built time：**1906年** 地理位置/Location：**N38°55'10.87" E121°38'43.89"** 地址/Address：**中山区鲁迅路9号 No. 9, Luxun Road, Zhong-shan District** 用途/Function：**行政办公建筑 office building** 公交车/Bus：**15/506/515/517/523/533** 联系方式/Contact：**0411-86672792**

大连市第一批重点保护建筑。原为满洲铁道株式会社。建筑呈对称布局，两翼部分向前突出，围合成广场。立面受法国古典主义影响，立面构图及比例与卢浮宫东立面相仿。二层立面窗间采用双柱连续排列，光影效果丰富。

卢浮宫东立面图

大连图书馆鲁迅路分馆（日本满铁图书馆旧址）
Dalian Lu Xun Road Branch Library (Manchuria Railway Library Site of Japan)

建筑面积/Area：4116㎡　设计师/公司/Designer：满铁建设课、满铁工务课　建成时间/Built time：1914年（一期）1919年（二期）地理位置/Location：N38°55'13.46" E121°38'38.63"　地址/Address：中山区鲁迅路20号 No. 20, Luxun Road, Zhongshan District　用途/Function：文教建筑 Educational Building　公交车/Bus：506/515/517/523/533　联系方式/Contact：0411-82630501

大连市第一批重点保护建筑。原为日本满铁图书馆。其书库完成于 1914 年，为 6 层钢筋混凝土建筑。主体建筑 2 层，呈希腊复兴主义风格，立面中轴对称，山花和柱式庄重大气，檐部线脚层次分明，有很好的阴影效果。

老照片

建筑面积/Area：17000㎡　设计师/公司/Designer：Leigh and Orange Limited. +大连市建筑设计研究院　建成时间/Built time：2008年　地理位置/Location：N38°55'23.55" E121°38'43.30"　地址/Address：中山区人民路36-38号 No. 36-38, Renmin Road, Zhongshan District　用途/Function：商业建筑 Commercial Building　公交车/Bus：15/16/403/40/506/710/712　联系方式/Contact：0411-39857999

一组富于现代时尚感的商业建筑。沿街部分体量简洁，立体感强。立面为不规则"Z"形外墙，两层落地玻璃幕墙向外倾斜，结合夜光商业表现力强。辽宁省2010年度优秀勘察设计。

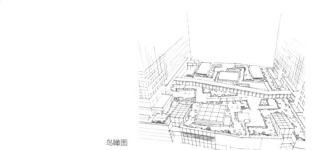

鸟瞰图

富丽华大酒店
Fulihua Hotel

建筑面积/Area：100000㎡   设计师/公司/Designer：陈永超   建成时间/Built time：1988
年   地理位置/Location：N38°55'25.46" E121°38'50.20"   地址/Address：中山区人民路60号 No.
60, Renmin Road, Zhongshan District   用途/Function：旅馆建筑 Hotel Building   公交车/Bus：
801/7/15/30/16/703/710   联系方式/Contact：0411-82630888

东北地区最早的涉外五星级酒店。地处大连传统的商务贸易中心区。东楼建于 1988 年，
高 22 层；西楼建于 1996 年，高 30 层。东楼由两个曲面体量咬合而成，立面以水平及
竖向线条为构成元素，简洁明快并给人以柔和的视觉感受。

大连海昌集团有限公司办公楼（大连中国税关旧址）

Dalian Haichang Group Office Building (China Customs Office)

建筑面积/Area：**2433㎡**　设计师/公司/Designer：**冈田时太郎/ 满铁工务课**　建成时间/Built time：**1914年**　地理位置/Location：**N38°55'29.89" E121°39'7.46"**　地址/Address：**中山区人民路86号 No. 86, Renmin Road, Zhongshan District**　用途/Function：**办公建筑 Office Building**　公交车/Bus：**7/11/13/16/27/30/703/710/712**　联系方式/Contact：**—**

大连市第一批重点保护建筑。建筑平面呈"L"形，沿街角布局。作为当时城市街廓布局的表现，以及近港湾地段保留下来为数不多的殖民地建筑，其城堡般坚固的外观以及哥特式细腻的砖砌手法，使人对那个时代的城市风貌及建筑风格产生某种遐想。

大连港集团（日本大连埠头事务所旧址）
Dalian Port Group (Dalian Quay Company Site of Japan)

建筑面积/Area：16260㎡　设计师/公司/Designer：横井谦介、汤本三郎/满铁建筑课　建成时间/
Built time：1926年　地理位置/Location：N38°55′41.71″ E121°39′25.34″　地址/Address：中山区港
湾街1号 No. 1, Gangwan Steet, Zhongshan District　用途/Function：行政办公建筑 Office Building　公交
车/Bus：11/13/708　联系方式/Contact：0411-82625148

大连市文物保护单位。原为日本大连埠头事务所，现为大连港集团有限公司办公楼。建
筑位于主干道尽端广场的一侧，与大连港客运站旧址遥相呼应。建筑呈街廓式围合布局，
使得建筑获得最大的沿街界面，易于环顾整个海港。建筑立面呈三段式水平划分，上段
使用欧式古典柱式排列，中段则为矩形窗的简单重复，整体体现了某种古典与现代的折
中。面向客运站广场的转角处设置了建筑的主入口。弧形门头柱廊突出立面，其柱式语言、
细部刻画等优雅大方，堪称佳作。

大连港 15 号库
Dalian Warehouse 15

建筑面积/Area：26000㎡　设计师/公司/Designer：满铁株式会社　建成时间/Built time：
1929 (2007) 年　地理位置/Location：N38°55'42.21" E121°39'36.85"　地址/Address：中山区港湾
街1号No. 1, Gangwan Street, Zhongshan District　用途/Function：商业建筑 Office Building　公交车/
Bus：11/13/16/708　联系方式/Contact：0411-82622666

大连市第三批重点保护建筑。由满铁株式会社于 1929 年建成。原建筑为 4 层钢混结构
无梁楼盖体系的工业仓库，长 196m，宽 39m，曾是亚洲最大、设施最先进的港口单体
仓库。建筑内有 160 根立柱，立柱截面逐层向上递减，体现了现代建筑的结构合理性原理。

老照片

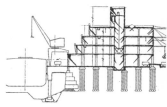

剖面图

万达公馆 **Z-30** 中山区
Wanda Mansion

建筑面积/Area：271000㎡　设计师/公司/Designer：大连都市发展设计有限公司　建成时间/
Built time：2011年　地理位置/Location：N38°55'38.41" E121°39'46.30"　地址/Address：中山区港
隆路2号 No. 2, Ganglong Road, Zhongshan District　用途/Function：综合体Complex Building　公交车/
Bus：11/13/16/708　联系方式/Contact：0411-83621888

位于东港商务区，近临万达中心与大连国际会议中心。公馆包含三栋 185m 的超高层板
式建筑，为大连地区超豪华海景公寓的代表性楼盘。建筑立面整体外包玻璃幕墙，突出
建筑体量的简约与纯净，某种程度上彰显了现代城市公寓的内敛气质和发展趋势。

建筑面积/Area：268000m²　设计师/公司/Designer：M.A.O.一级建筑士事务所（日）+大连市建筑设计研究院　建成时间/Built time：2011年　地理位置/Location：N38°55'40.20" E121°39'54.95　地址/Address：中山区港兴路6号 No. 6, Gangxing Road, Zhongshan District　用途/Function：综合体Complex Building　公交车/Bus：11/13/16/708　联系方式/Contact：0411-86770000

位于东港商务区核心位置，由两座超高层塔楼（分别高36层，149.5m；44层，202.4m）及裙房构成。与达沃斯国际会议中心一起构成新区地标性天际线。内含两家跨国星级酒店以及其他综合设施。平面布局紧凑而复合，房间布局注重观景效果，室内采用现代简约的装修设计，使用材料考究，线脚细腻。立面采用突出表皮的竖向钢构件的排列组合，构成富有韵律的立面表情。整体简约而凝重，与港区环境形成对比。

总平面图

大连国际会议中心
Dalian International Conference Center

建筑面积/Area：14.6万㎡　设计师/公司/Designer：蓝天组+大连市建筑设计研究院+c+z建筑师工作室　建成时间/Built time：2012年　地理位置/Location：N38°55'42.71" E121°40'2.08"　地址/Address：中山区港浦路3号 No. 3, Gangpu Road, Zhongshan District　用途/Function：会展建筑 Conference Building　公交车/Bus：11/13/16/708　联系方式/Contact：0411-39680733

大连市有史以来耗资及规模最大的单体建筑。作为每两年举办一次的夏季达沃斯会议场馆，其方案由世界著名建筑设计团队奥地利蓝天组赢得，其标新立异的外观印象与先进的设计技术给当地政府和设计合作机构带来了代价和收获。会议中心包含了若干个不同规模和用途的场馆，由一个硕大无比的金属外壳所覆盖。与其夸张而排他的外形不同，其内部则体现了复杂城市及街区的空间特征与效果，有效诠释了"城市中的建筑，建筑中的城市"的设计思想。整体建筑完成度较高，代表了国内设计实施能力和水平。

平面图

辽宁省出入境检验检疫局办公楼
Liaoning Province CIQ Office Building

建筑面积/Area：58000㎡　设计师/公司/Designer：GMP+大连市建筑设计研究院　建成时间/
Built time：2011年　地理位置/Location：N38°55'19.25" E121°39'58.83"　地址/Address：中山区长
江东路60号 No. 60, CHangjiang East Road, Zhongshan District　用途/Function：行政办公建筑 Office
Building　公交车/Bus：11/13/16/708　联系方式/Contact：0411-82583247

位于长江东路，临近大连港。建筑主体为地上 27 层，地下 2 层，框架结构。高层的塔楼部分平面由相互错动的三个矩形组成，体形简洁庄重。立面以竖向的玻璃幕墙条窗为主，辅以水平向的金属构件划分，呈现出简洁的现代主义风格。

建筑面积/Area：— 设计师/公司/Designer：日建设计 建成时间/Built time：1990年 地理位置/Location：N38°54'18.65" E121°37'42.95" 地址/Address：中山区绿山巷99号 No. 99, Lvshan Lane, Zhongshan District 用途/Function：通讯广播建筑 Communication Building 公交车/Bus：27 联系方式/Contact：0411- 83638345

位于劳动公园南绿山顶部，原作为电视信号发射设施，塔高190m，塔身通透而高挑，极富标志性。建筑采用空间桁架结构，为世界所少有。塔基3层，以展示功能为主。2005 年对其进行改造和修缮，在塔楼顶部增设露天观光平台，可在此俯瞰城市风光。

Z-35 老干部大学

University of Retired Veteran Cadres

建筑面积/Area：20175㎡   设计师/公司/Designer：美国纳德华建筑设计   建成时间/Built time：2010年   地理位置/Location：N38°54'33.10" E121°37'56.72"   地址/Address：中山区五五路 50号 No. 50, Wuwu Road, Zhongshan District   用途/Function：文教建筑, Educational Building   公交车/Bus：27/403/505/5   联系方式/Contact：0411-82300905

坐落于山清水秀的劳动公园景区内，整体建筑处理成上下两个台地，10 层的建筑体量层层跌落，错落有致。两组带有几何切削感的建筑体块相互围合，并跃动于山坳和台地之间。棕色外墙面砖赋予了建筑的安静和整体感，局部的玻璃幕墙和浅色构件，又增添了几分活泼的气息。

建筑面积/Area：1282㎡　设计师/公司/Designer：社寺工务所 伪满洲土木建筑协会　建成时间/Built time：1933年　地理位置/Location：N38°54'34.25" E121°38'15.15"　地址/Address：中山区昆明街麒麟西巷1号 No. 1, Kunming Street, Qilin West Lane, Zhongshan District　用途/Function：观览建筑 Performing Building　公交车/Bus：27/403/505/5/23/24　联系方式/Contact：0411-82305411

大连市第一批重点保护建筑。原为日本东本愿寺关东别院，系佛教净土宗寺庙。由日本建筑师主持设计，2层高，钢混结构，外观呈传统砖木庙宇的风格。20世纪40、50年代曾作图书馆，20世纪90年代年后改为京剧院，内部增设麒麟舞台。

南山近代住宅群
Nanshan Mordern Dwellings

地理位置 /Location:
N38°54'45.77" E121°38'55.73"
地址 /Address: 中山区南山街
Nanshan Streeet, Zhongshan
District   **公交车** /Bus:11/24/27/
529/ 708/30/501/703/712

南山街为 20 世纪初开发的中
上流日本人居住的住宅区，
建筑质量较高，是最具代表
性的大连近代住宅片区之一。
当时的设计师，一方面满足
日本人的生活习惯，又将欧
洲先进的设计理念和文化融
合进来，完成了适应当地气
候条件，多种样式并存的住
宅建设。2010 年之后，由于
新一轮的住宅开发，大部分
南山老房子都被拆除。

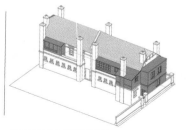

Z-37　孟天成旧居

建筑面积 /Area：—
设计师 / 公司 /Designer：—
建成时间 /Built time:
20 世纪 20 年代
用途 /Function:
住宅建筑 Housing Building

大连市第二批重点保护建筑。位于南山近代
住宅区内，为使用和保护状态较好的独栋住
宅。原为博爱医院院长、爱国人士孟天成故居。
建筑呈早期现代乡土住宅风格，原为 2 层，
后东北角加建为 4 层。建筑外墙底部为毛石
砌筑，墙身镶嵌橘黄色面砖，形成凹凸的水
平线条，细腻典雅。

建筑面积 /Area： —
设计师 / 公司 /Designer： —
建成时间 /Built time： —
用途 /Function：
旅馆建筑　Hotel Building

建筑面积/Area：4998㎡　设计师/公司/Designer：崔岩/大连市建筑设计研究院　建成时间/
Builttime：2007年　地理位置/Location：N38°52'3.42" E121°40'19.58"　地址/Address：中山区老虎
滩海滨中路19号 No. 19, Laohutanhaibin Middle Road, Zhongshan District　用途/Function：会展建筑
Conference Building　公交车/Bus：712　联系方式/Contact：0411-84635888

建筑位于老虎滩风景区内，系当地政府为陶艺家建造的陶艺制作、展示的场馆。建筑结
合狭长基地，依山而建，建筑立面沿街展开并依高差形成分段跌落的韵律。建筑以清水
混凝土结合钢与玻璃为外饰面材料，将清水混凝土墙设计成书法笔触的洞口开窗形式，
具有某种东方的意境和质感效果。

一层平面图

三层平面图

丽景（嘉柏）大酒店
Lijing (Jasper) Hotel

建筑面积/Area：—　设计师/公司/Designer：日本竹中工务店　建成时间/Built time：2012年　地理位置/Location：N38°52'40.34" E121°40'32.36"　地址/Address：中山区滨海东路15号（虎滩街12号）No. 15, Binhai East Road, (No. 12, Hutan Road), Zhongshan District 用途/Function：旅馆建筑 Hotel Building　公交车/Bus：2/712　联系方式/Contact：0411-82892811

建筑位于老虎滩景区内地势较高地段，背山面海，建筑采用水平长窗以及连续流畅的曲线外立面转角处理，使得建筑具有良好的观景视野，并与环境融为一体。建筑为大连较早的涉外酒店，由日本建筑设计公司主持设计，其台地处理细腻而自然，堪称佳作。

建筑面积/Area： 35000㎡ **设计师/公司/Designer：** 大连市建筑设计研究院 **建成时间/Built time：** 2003年 **地理位置/Location：** N38°54'56.56" E121°37'38.93" **地址/Address：** 中山区友好街11号 No. 11, Youhao Street, Zhongshan District **用途/Function：** 商业建筑 Commercial Building **公交车/Bus：** 15/16/19/23/405/534/708 **联系方式/Contact：** 0411-83639999

位于市中心繁华商业区，主干道中山路和次干道汇聚的三角形地段，建筑体量顺应基地外形并采用弧形的转角处理，构成完整而连续的外观和立面效果。建筑原为伊都锦大连商店，2009年改为久光百货。建筑立面强调水平线条，布有均匀排布的古典线脚的外窗，表现了商业建筑高贵典雅的气质。

大连中心裕景
Dalian Center Eton

建筑面积/Area：**32.5万㎡**　设计师/公司/Designer：NBBJ（美）+大连市建筑设计研究院　建成时间/Built time：2010年　地理位置/Location：N38°55'1.51"E121°37'33.20"　地址/Address：中山区大公街23号 No. 23, Dagong Street, Zhongshan District　用途/Function：综合体 Complex Building　公交车/Bus：15/303/406/409/531/532/701　联系方式/Contact：0411-39608888

位于中山路主干道与友好街交汇处，地处城市核心地段，北望大连港和大连湾。目前为东北最高的超高层建筑群。中心包括三栋43层公寓及两栋分别为81层和62层的超高层建筑。三栋板式公寓楼沿南侧布置，基地北侧为两栋超高层，之间为商业街和景观开放空间。两栋超高层造型各异，相得益彰，并与南向的公寓楼形成呼应。中心布局紧凑，多种功能空间穿插复合，极具国际性城市中心的气质。

总平面图

民航大厦
Civil Aviation Hotel

建筑面积/Area：23,418㎡ 设计师/公司/Designer：许嘉裕/大连市建筑设计研究院 建成时间/Built time：1988年 地理位置/Location：N38°54'48.26" E121°37'27.91" 地址/Address：中山区中山路143号 No. 143, Zhongshan Road, Zhongshan District 用途/Function：办公建筑, Office Building 公交车/Bus：15/303/406/409/531/532/534/701/702/702/710 联系方式/Contact：0411-83633111

建筑坐落于中山路沿线市中心繁华地带，基地位于坡地街道的高处，面向希望广场和劳动公园，视野开阔。建筑地上20层，地下2层，由中日合资建设而成，为大连市最早的三星级酒店建筑。采用板塔结合式的平面布局，沿街主立面采用大面积玻璃幕墙和局部白色面砖，相互对比和衬托，体现了明确的功能性和现代感，是早期大连现代建筑的典范。

希望大厦 Z-44
Hope Building
中山区

建筑面积/Area：895,850㎡　设计师/公司/Designer：雅马萨奇（美）　建成时间/Built time：
2006年　地理位置/Location：N38°54'50.75" E121°37'33.93"　地址/Address：中山区中山路136号
No. 136, Zhongshan Road, Zhongshan District　用途/Function：办公建筑 Office Building　公交车/Bus：
406/11/22/24/303/901　联系方式/Contact：0411-39669999

建筑位于中山路与市政干路五惠路交汇处，为城市中心 CBD 区域少有的开阔地带，视野
四面通达，使得建筑成为名副其实的"景观"建筑。简约的方形平面和极简主义造型让
人不禁联想起著名建筑师雅马萨奇的另一作品——纽约世贸大厦，其带有古典柱式意味
的顶部造型处理，使得建筑的地标性和象征寓意更为突出。

渤海饭店
Bohai Hotel

建筑面积/Area：23,150㎡ 设计师/公司/Designer：大连市建筑设计研究院 建成时间/Built time：1980年 地理位置/Location：N38°55'0.47" E121°37'38.24" 地址/Address：中山区中山路124号 No. 124, Zhongshan Road, Zhongshan District 用途/Function：旅馆建筑 Hotel Building 公交车/Bus：2/5/15/16/23/406/521/405/708 联系方式/Contact：0411-82808999

该建筑为大连最早的高层酒店建筑，高10层，框架结构，位于中心区繁华商业地段。建筑沿街排布，转角处做切角处理，整体建筑强调水平线条，富于现代感，是大连早期现代建筑优秀作品。建筑经过多次翻新改造，外观立面仍略显陈旧，带有某种历史的沧桑感。

建筑面积/Area：4,800㎡　设计师/公司/Designer：—　建成时间/Built time：1937年　地理位置/Location：N38°55'0.21" E121°37'42.73"　地址/Address：中山区荣盛街33号 No.33, Rongsheng Street, Zhongshan District　用途/Function：文教建筑 Educational Building　公交车/Bus：1/15/16/23/409/411/708　联系方式/Contact：0411-83629734

位于青泥洼桥商业区的中心地段，原为麒麟啤酒大楼。建筑沿街角呈"L"形布局，转角处为圆滑的曲面，除一、二层处理得比较有变化以外，三层以上均为均匀开窗，无多余装饰，是一座早期现代建筑特征比较明显的佳作。建筑为5层的框架结构，一、二层主要为开放空间，室内空间划分自由连贯，流动性强。外立面的方形开窗和均匀排布的马赛克饰面，给建筑增添了特殊的意韵。

秋林女店（原三越洋行大连支店）
Qiulin Female Shop (Mitsukoshi Matheson)

建筑面积/Area：8,105㎡　设计师/公司/Designer：西村大家联合建筑事务所　建成时间/Built time：1937年　地理位置/Location：N38°55'3.45" E121°37'46.03"　地址/Address：中山区中山路108号 No.108, Zhongshan Road, Zhongshan District　用途/Function：商业建筑, Commercial Building 公交车/Bus：15/23/405/409/901　联系方式/Contact：0411-83626337

大连市第一批重点保护建筑。20世纪前半叶大连市标志性建筑之一。原为三越百货店大连支店，位于最为繁华的青泥洼桥商圈中心地带，并面向中山路主干道。建筑呈简约的欧式古典风格，三个方向外立面连续感强，北向沿街立面还设有塔楼。除了底层和顶层施加了特殊装饰外，还在局部增加了做工细腻的装饰构件，更突出了整个建筑的华丽感。建筑经过多次内外观的改造，许多原有设计细节不复存在。

老照片

建筑面积/Area: — 设计师/公司/Designer: 清水建设（日）+中国建筑东北设计研究院 建成时间/Built time: 1998年 地理位置/Location: N38°54'52.80" E121°37'48.78" 地址/Address: 中山区青泥街57号 No. 57, Qingni Street, Zhongshan District 用途/Function: 旅馆建筑 Hotel Building
公交车/Bus: 512/525/1/411/414/101/408/409/405/710 联系方式/Contact: 0411-82300666

建筑位于南高北低的基地南端，沿街形成造型简洁的板状体量，与北侧低矮的百货商店体量形成对比。建筑整体如同墙壁一般朝南面向劳动公园，视野开阔。建筑立面为方格划分，并均匀分布了正方形窗户，使得厚重的实墙面带有某种典雅的韵律和秩序感。

建筑面积/Area：80,000㎡　设计师/公司/
Designer：美国易高建筑设计有限公司　建
成时间/Built time：2002年　地理位置/
Location：N38°54'54.85" E121°37'53.17"　地址/
Address：中山区解放路19号 No.19, Jiefang
Road, Zhongshan District 用途/Function：商
业建筑 Commercial Building　公交车/Bus：
22/525/5/521/532/23/406/901　联系方式/
Contact：0411-82101656

基地为沿街的长方形地段，西向立面处理
成弧形通透的全玻璃幕墙，与街道广场形
成呼应。而朝东沿街立面则主要为浅色实
墙处理，对比明显。西侧室内处理成通高
的共享空间，各种人流动线相互交织，室
内外互动效果明显，营造出独一无二的商
业气氛。

棒棰岛宾馆建筑群
Bangchui Island Hotel Buildings

建筑面积/Area：— 设计师/公司/Designer：大连市建筑设计研究院 建成时间/Built time：— 地理位置/Location：N38°53'6.95" E121°42'18.03" 地址/Address：中山区迎宾路1号 No.1, Yingbin Road, Zhongshan District 用途/Function：旅馆建筑 Hotel Building 公交车/Bus：— 联系方式/Contact：0411-82897214

位于滨海路的东端，距市中心约 9km。棒棰岛宾馆建筑群集会议、旅游、自然景观为一体，始建于 1958 年，是大连著名的"国宾馆"。宾馆三面环山，一面濒海。占地面积 87 万 m²，由 13 栋参差坐落于山地之上的风格迥异的别墅和其他会议、住宿等设施组成。其中部分建筑由于接待过一些国家政要和国际友人而传为佳话。

棒棰岛全景

棒棰岛 3 号楼

棒棰岛 18 号楼

棒棰岛 7 号楼

西岗区行政区图

西岗区分区图

1km

ZX- 中山区与西岗区交接处

ZX-I

X-01 大连市公共事件应急联动中心
X-02 森茂大厦
X-03 化物所五馆
　　　（关东都督府中央试验所旧址）
X-04 大连理工大学石油化工学院
　　　（南满洲工业专门学校旧址）

X-05 西岗区欢胜街学校建筑群
X-06 宜家家居
X-07 香炉礁轻轨站

香周路

东北路

群建巷

X-07

X-06

疏港路

东北路

疏港路

0 25 50 75 100 125

先进街

北海公园

民乐街

X-13

X-14

X-17

团结街

X-15

X-16

菜市街

上海路

胜利街

25   75   125
0   50   100

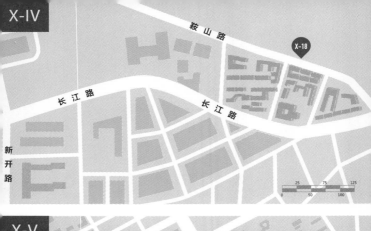

X-18　东关街旧建筑群

X-19　大连图书馆—科技馆

X-20　大连医科大学附属第一医院二部

X-21　大连森林动物园熊猫馆

X-22　大连森林动物园热带雨林馆

X-23　仲夏花园酒店

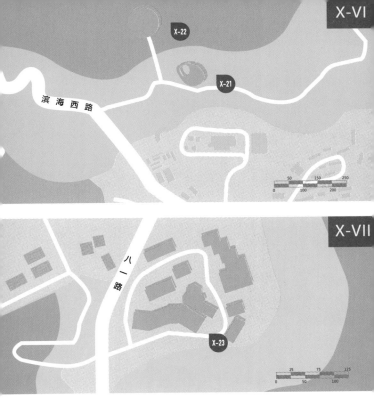

大连市公共事件应急联动中心
Dalian City Public Emergency Response Center

建筑面积/Area: 23927㎡　设计师/公司/Designer: 杜达潘建筑师事务所(美)+大连市建筑设计研究院　建成时间/Built time: 2011年　地理位置/Location: N38°54'42.59"E121°37'6.68" 地址/Address: 西岗区中山路与一二九街交汇处 near the intersection between Zhongshan Road and Yierjiu Street, Xigang District No.78, Shanghai Street, Xigang District　用途/Function: 办公建筑 Office Building　公交车/Bus: 406/23/901　联系方式/Contact: —

建筑基地位于街角处，长边面对中山路主干道，建筑沿街布局形成线性微折平面。建筑为12层框架结构，立面以竖向线条为主，使用浅黄色石材，整体造型简约现代而不失细腻，主立面细部设计略带美式古典气息。

建筑面积/Area：46401.18㎡　设计师/公司/Designer：森茂大厦设计研究所+日本大林组东京一级建筑师事务所（日）+中国建筑东北设计研究院　建成时间/Built time：1996年　地理位置/Location：N38°54'45.28"E121°37'22.12"　地址/Address：西岗区中山路147号 No.147, Zhongshan Road, Xigang District　用途/Function：办公建筑 Office Building　公交车/Bus：506/505/515/901/529　联系方式/Contact：0411-83689889

东北地区第一座钢结构高层建筑。地下3层，地上24层，塔屋3层。建筑立面覆以规律的矩形窗阵，沿街面顶部为台阶式向后退进，形成高耸的视觉效果。两个主立面中部细长形上下贯通的玻璃幕墙，以及顶部弧面屋盖，均带有后现代建筑设计的痕迹。

建筑面积/Area：6660㎡　设计师/公司/Designer：安井武雄/满铁建筑课　建成时间/Built time：1917年　地理位置/Location：N38°54'56.59 E121°37'32.99"　地址/Address：西岗区中山路161号 No.161,Zhongshan Street, Xigang District　用途/Function：办公建筑 Office Building　公交车/Bus：901/15/533/16/23　联系方式/Contact：—

大连市第一批重点保护建筑。建筑由三栋平行于主干路的建筑组成，并通过中心连廊连接。建筑由红色清水砖墙砌筑，立面呈横三竖五的对称构图，主入口及两翼突出立面，顶部采用和风样式，整体造型端庄优雅，并带有古典与现代的折中意味。

大连理工大学石油化工学院（南满洲工业专门学校旧址）
The Petrochemical Technology Institute Of Dalian University Of Technology

建筑面积/Area：16000㎡　设计师/公司/Designer：横井谦介/满铁工务课　建成时间/Built time：1922年　地理位置/Location：N38°54'42.96" E121°37'16.20"　地址/Address：西岗区中山路158号 No.158, Zhongshan Road, Xigang District　用途/Function：教育建筑, Educational Building　公交车/Bus：406/531/23/901　联系方式/Contact：0411-86381226

大连市第一批重点保护建筑。建筑为西欧半木屋架式建筑。主楼地上2层，地下1层，副楼地上2层。建筑用清水红砖砌筑，以白色条饰和隅石装饰。立面上展现竖向线条，入口处结合塔楼的形式，与横向主体相结合，建筑造型端庄优雅，略带有哥特饰趣。

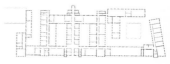

平面图

立面图

建筑面积/Area：10790m²　设计师/公司/Designer：关东都督府民政部土木课　建成时间/Built time：1918年　地理位置/Location：N38°54'56.82" E121°37'21.84"　地址/Address：西岗区欢胜街1号 No.1, Huansheng Street, Xigang District　用途/Function：教育建筑, Educational Building　公交车/Bus：409/531/532/710　联系方式/Contact：0411- 82171568

大连市第一批重点保护建筑。由大连理工大学成人教育学院（官立大连第一中学旧址）及大连市实验小学（伏见台寻常小学校旧址）组成，分别于 1918 年、1906 年建立。该两组建筑群有相似的建筑风格及布局特点。建筑大多为地上 2 层、地下 1 层，砖混结构，用清水红砖砌筑，以白色条饰和隅石装饰。建筑造型简洁优雅。建筑沿基地外周布局，形成围合的校园活动场地。主要建筑采用对称式布局，并强调中央及转角处，属于近代折中主义风格。该建筑群保存及使用状态良好。

宜家家居
Ikea Dalian Store

建筑面积/Area: 52800m²　设计师/公司/Designer: 深圳电子院设计有限公司　建成时间/Built time: 2009年　地理位置/Location: N38°55'38.20"E121°35'59.00"　地址/Address: 西岗区群力街海达南街51号 No.51, Haidanan Street, Xigang District　用途/Function: 商业建筑 Commercial Building　公交车/Bus: 1/7/18/19/414　联系方式/Contact: 4008002345

宜家家居为全球连锁商业设施，其经营理念、商业空间布局及外观都带有统一的模式。即使非大连独有，其独特的营销方式所带来的对于商业设施固有的内外空间及形式语汇的革新意味深长。大连宜家家居为3层框架结构建筑。

建筑面积/Area：—　设计师/公司/Designer：北京城建设计研究总院　建成时间/Built time：2002年　地理位置/Location：N38°55'39.28"E121°35'53.82"　地址/Address：大连西岗区东北路与疏港路交汇处 near the intersection between Dongbei Road and Shugang Road, Xigang District　用途/Function：交通建筑, Transportation Building　公交车/Bus：无轨保税区、九里线、3号线　联系方式/Contact：0411-86533411

大连市轨道交通3号线一期的市内起点站，为2层钢结构建筑。简洁现代的流线型外观喻含着未来交通的速度感，并具有较强的标志性。

建筑面积/Area：12228㎡　设计师/公司/Designer：关东州厅土木课　建成时间/Built time：1937年　地理位置/Location：N38°54'41.37" E121°36'43.94"　地址/Address：西岗区人民广场1号 No. 1, People's Square, Xigang District　用途/Function：办公建筑, Office Building　公交车/Bus：40/101/408/534　联系方式/Contact：0411-83633029

大连市第一批重点保护建筑，大连市地标建筑。原为日本关东州厅。地上3层，地下1层钢筋混凝土结构。建筑整体中心对称，两翼水平展开，主入口采用巨柱式构图，其余立面运用竖向线条划分，按功能需要均匀开窗，无多余装饰，更显简洁庄重。建筑于20世纪60年代和90年代两次进行改扩建。

大连市中级人民法院（关东厅地方法院旧址）

Dalian City Intermediate People's Court

建筑面积/Area：5896.88㎡　设计师/公司/Designer：不圆贞助/关东厅内务局土木课　建成时间/Built time：1933年　地理位置/Location：N38°54'41.37" E121°36'43.94"　地址/Address：西岗区人民广场2号 No. 2, People's Square, Xigang District　用途/Function：办公建筑 Office Building　公交车/Bus：19/22/24/303/515　联系方式/Contact：0411-83775000

大连市第一批重点保护建筑，大连市地标建筑，2009 年度辽宁省优秀勘察设计。关东州地方法院旧址。建筑布局严谨，两侧对称水平展开，中央塔楼突起，垂直线条分三段向上收分，是典型的装饰艺术手法，建筑形态端庄挺拔，极富雕塑感。

大连市民健身中心
Dalian Public Fitness Center

建筑面积/Area：20000㎡　设计师/公司/Designer：UNstudio+大连城建设计研究院　建成时间/Built time：2011年　地理位置/Location：N38°54'50.11" E121°36'26.60"　地址/Address：西岗区高尔基路与中山路交叉路 near the intersection between Zhongshan Road and Gaoerji Road, Xigang District　用途/Function：体育建筑 Sports Building　公交车/Bus：406/23/901　联系方式/Contact：0411-84118666

基地位于市中心高尔基路与中山路的交汇处，建筑为地下1层地上3层的框架结构。建筑平面与基地形状相仿，一层平面沿街道向内退进。二层以上向外挑出，并构成完整的连续立面。立面表皮设计新颖，错动的立面开口纹样具有跃动感。

建筑面积/Area：**11306.39m²**　设计师/公司/Designer：王正刚/大连市建筑设计研究院　建成时间/Built time：**1989年**　地理位置/Location：N38°54'29.65 "E121°36'30.90"　地址/Address：西岗区沈阳路**94号** No.94, Shenyang Road, Xigang District　用途/Function：文化建筑 Educational Building　公交车/Bus：901/531/22/11/15/16　联系方式/Contact：0411- 83693487

坐落于大连市人民广场西南角，五四路、珠江路和北京街三条道路交汇而成的三角形地块里。建筑主体 4 层，建筑的几何造型元素明显，入口上方突出主立面的三角形体块，以及球形影院与棱角分明的底层建筑的组合等，构成强烈的对比。作为较早的文化建筑题材，整体造型新颖，建成伊始便给人留下深刻的印象。

西岗区市民健身中心
The Xigang Public Fitness Center

建筑面积/Area：19000㎡　设计师/公司/Designer：高德宏/大连理工大学　建成时间/Built time：2014年　地理位置/Location：N38°54'27.90"E121°36'1.05"　地址/Address：西岗区中山路东北路交汇处 near the intersection between Dongbei Road and Zhongshan Road, Xigang District　用途/Function：体育建筑 Sports Building　公交车/Bus：901/531/22/11/15/16　联系方式/Contact：—

建筑位于大连市中心，东临奥林匹克广场，北为中山路，其建设意图为满足西岗区市民健身活动需求，容纳十余项体育健身功能，并具备一定比赛及演出能力。建筑被城市主干道围绕，建设约束条件多，设计中采用弧线转角体量，减少与周边环境之间矛盾，立面采用消解层的做法，利用外挂铝网架形成流动感的形象。

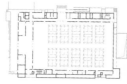

一层平面图

建筑面积/Area：4899㎡　设计师/公司/Designer：瓦西里·萨哈罗夫　建成时间/Built time：
1900年　地理位置/Location：N38°55'35.00" E121°37'44.35"　地址/Address：西岗区烟台街3号
No.3, Yantai Street, Xigang District　用途/Function：文化建筑 Educational Building　公交车/Bus：
403/526/538/613　联系方式/Contact：—

全国重点文物保护单位，大连市第一批重点保护建筑。建筑原为沙俄达里尼市政厅，属
于法国文艺复兴风格建筑。建筑为地上2层，地下1层，砖混结构。曾用作大连市自然
博物馆，现处于闲置状态，修缮保护状态不佳。

大连船舶技术学校（日本满铁总裁公馆旧址）
Dalian Marine Technical School

建筑面积/Area：2500m²　设计师/公司/Designer：— 建成时间/Built time：1900年　地理位置/Location：N38°55'36.94" E121°37'45.28"　地址/Address：胜利桥北团结街1号　No.1, Tuanjie Street, North Shengli Bridge, Xigang District　用途/Function：学校建筑 Educational Building　公交车/Bus：201　联系方式/Contact：—

大连市第一批重点保护建筑。曾用作沙俄市政厅官邸、日本"满铁"总裁公馆。砖混结构建筑，为典型的俄式建筑风格。原建筑最早为两层，后将原顶部的塔楼拆除，在顶部加建三层，成为现存状态。建筑立面以红砖砌筑和白色装饰分隔为特点，现外墙的红色为后期维护粉刷的颜色。

建筑面积/Area：— 设计师/公司/Designer：陆伟/大连理工大学（改造设计） 建成时间/Built time：1903年 地理位置/Location：N38°55'31.20"E121°37'53.50" 地址/Address：大连市西岗区胜利街39号 No.39 Shengli Street Xigang District 用途/Function：酒店建筑 Hotel Building 公交车/Bus：11/407/515/517/201 联系方式/Contact：—

原为中东铁路技师及技工的住宅区，沙皇俄国1896年开始规划建设，于1903年先后竣工。由多栋俄式砖木结构建筑组成。2010年始实施保护性改造，成为具有历史风情的酒店别墅群。

大连艺术展览馆（东清轮船会社旧址）
Dalian Art Exhibition Hall

建筑面积/Area：1400m²　设计师/公司/Designer：一　建成时间/Built time：1902年　地理位置/Location：N38°55'32.55" E121°37'55.60"　地址/Address：西岗区胜利街35号 No.35, Shengli Street,Xigang District　用途/Function：文化建筑 Educational Building　公交车/Bus：40/403/526/613　联系方式/Contact：0411-82540584

大连市第一批重点保护建筑。原为东清轮船会社旧址，为两层欧式半木屋架式建筑。1996年，由大连市人民政府拨专款按原样重建。建筑运用了北欧式的尖塔顶和拜占庭墙饰手法，整体由清水红砖砌筑，以白色条饰和隅石装饰。整个建筑挺拔俊秀，错落有致（在日本北九州门司港建有相同建筑）。

日本北九州门司港相同建筑

大连大学附属中山医院胜利桥北门诊（日华自动车学校旧址）

Zhongshan Hospital Of Dalian University Shengli Bridge Clinic

建筑面积/Area：3400㎡　设计师/公司/Designer：—　建成时间/Built time：1903年　地理位置/Location：N38°55'39.65"E121°37'55.75"　地址/Address：大连市西岗区上海路78号　No.78, Shanghai Street, Xigang District　用途/Function：医院建筑 Medical Building　公交车/Bus：403/15/16/19/23　联系方式/Contact：—

大连市第三批重点保护建筑。大连现存最高的沙俄时期建筑，建成年代1903年，一说为1922年。曾用作"满铁"职员集体宿舍，也称"大山寮"，后为日华自动车学校旧址。4层，砖混结构建筑。其建筑立面、结构体系、平面布局等基本保持原始状态。为了适应基地形状，平面布局采用当时并不多见的Y字形，这样既能使各边的长度取得最大值，又能获得良好的沿街面及通风条件。建筑主体形式简约，但在主入口立面及屋顶部分采用多种古典折衷样式。体现了从古典建筑风格向现代建筑风格过渡的时代特征。

东关街旧建筑群
Dongguan Street Historic Buildings

建筑面积/Area：— 设计师/公司/Designer：— 建成时间/Built time：**20世纪初** 地理位置/Location：**N38°55'9.81"E121°37'1.19"** 地址/Address：西岗区东关街 Dongguan Street,Xigang District 用途/Function：居住区 Residential Area 公交车/Bus：**201** 联系方式/Contact：—

东关街旧建筑多建于 20 世纪 20 年代，以两层日式仿欧建筑为主。街区呈块状院落布局，并顺应地形形成错落有致的肌理。街道尺度宜人，沿街立面以红砖砌筑形式为主，连续多样，体现了老大连浓厚的市井气息。东关街建筑群整体使用及保护状态不佳，濒临被拆建的境地。

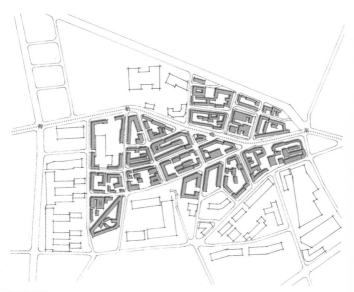

关东街区域图

大连图书馆—科技馆
Dalian Library & Dalian Science And Technology Museum

建筑面积/Area：46180m²　设计师/公司/Designer：20世纪80年代，黑龙江省建筑设计研究院设计；20世纪90年代，孔宇航＋大连市建筑设计研究院改建　建成时间/Built time：1990年　地理位置/Location：N38°53'56.80"E121°36'31.90"　地址/Address：西岗区长白街3号7号 No.3&No.7 Changbai Street, Xigang District　用途/Function：文化建筑，Educational Building　公交车/Bus：407/702/706/4/12/29　联系方式/Contact：0411-39662381（图书馆）0411-83631886（科技馆）

建筑为框架结构，采用红色面砖作为立面材质，大面积的实墙与茶色玻璃形成虚实对比，图书馆建筑入口为弧形，建筑整体造型简洁，具有沉稳、厚重的古典气息。建筑一层设总服务台及青少年书刊借阅室等。三层、四层分设社会科学、地方文献、自然科学、历史文献等阅览室。大连市科技馆由三部分功能组成，即大厅主体、客房及餐厅。大厅主体部分为二层，客房共分6层，有60个房间。

大连医科大学附属第一医院二部
The No.2 Of First Affiliated Hospital Of Dalian Medical University

建筑面积/Area：340000m²　设计师/公司/Designer：台湾许常吉建筑设计事务所　建成时间/Built time：—　地理位置/Location：N38°54'9.32" E121°35'48.70"　地址/Address：西岗区联合路193号 No.193, Lianhe Street, Xigang District　用途/Function：医疗建筑 Medical Building　公交车/Bus：406/23/18　联系方式/Contact：0411-83635963

位于高尔基路与联合路垂直交叉地段。建筑由两个主体建筑及连接两部分的候诊大厅组成，最高的建筑为20层。建筑立面设计突出网格效果，高层部分的阳台划分与连接候诊大厅的弧形玻璃幕墙形式上相互呼应，并形成材料上的对比，风格统一而现代。

建筑面积/Area：3360㎡　设计师/公司/Designer：李文海/大连市都市发展设计有限公司　建成时间/Built time：2012年　地理位置/Location：N38°52'27.23" E121°36'30.69"　地址/Address：西岗区南石道街迎春路60号 No.60, Nanshidao Street, Yingchun Road Xigang District　用途/Function：园林建筑 garden building　公交车/Bus：5/702/541/50　联系方式/Contact：0411-82476973

项目通过环形平面布局巧妙的融合了山体坡度、游览路线、熊猫活动场等设计要素，并通过环状连续的自然竹材表皮创造出朴实大气、浑然天成的外观印象。

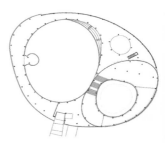

平面图

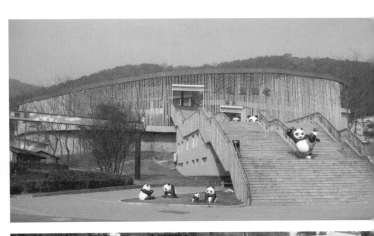

大连森林动物园热带雨林馆
Rain-Forest Dome Of Dalian Forest Zoo

建筑面积/Area：10000㎡ 设计师/公司/
Designer：大连市市政设计研究院 建成时间/
Built time：2000年 地理位置/Location：
N38°53'20.06" E121°37'0.15" 地址/Address：
西岗区南石道街迎春路60号 No.60, Nanshidao
Street, Xigang District 用途/Function：展
览建筑 Performing Building 公交车/Bus：
5/702/541/501 联系方式/Contact：0411-
82476973

位于大连市南部海滨森林动物园前导区内，
是一个以观赏亚热带植物为主要功能的球
形网架结构建筑。主体建筑为扁半球体，
其造型突出建筑的功能特性并与周边山体
形态相协调。

建筑面积/Area：**6000㎡**　设计师/公司/Designer：**乔松年/大连市建筑设计研究院**　建成时间/
Built time：**1987年**　地理位置/Location：**N38°54'56.59 E121°37'32.99"**　地址/Address：**西岗区
八一路222号** No.222, Bayi Road, Xigang District　用途/Function：**酒店建筑** Hotel Building　公交车/
Bus：**5/501/541/702**　联系方式/Contact：**0411-83631886**

建筑依山而建，高低相间，错落有致，是大连中西结合园林式酒店的优秀范例。建筑平
面以折线为主要动态，南向层层退台，采用砖红色勾勒水平线条，使建筑造型更为舒展。
主体建筑与周围附属建筑形成静谧丰富的空间院落，突出庭院园林与山地地貌的有机
结合。

沙河口区行政区图

沙河口区

东北路

沙河口区分区图

1km

GXS- 高新园区与沙河口区交接处

S-1

中山路

星河路

太原路

星河路

中山路

S-04

S-03

S-01

S-02

S-08 世界博览广场-

S-07

S-05

S-06

0 50 100 150 200 250

S-13

古一路

富宁街

沿河街

富乐街

富康街

富上街

西安路

中山路

星辰街

高尔基路

S-12

| 50 | 150 | 250 |
| 0 | 100 | 200 |

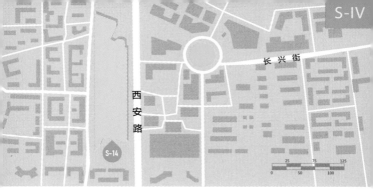

西安路

长兴街

S-14

S-15　辰熙大厦
S-16　大连软件园10号、11号
S-17　大连软件园软件工程师公寓
S-18　大连软件园8号
S-19　软景E居
S-20　大连软件园3号
S-21　大连软件园幼儿园

S-01
大连星海会展中心一期
沙河口区
The Exhibition Center of Xinghai in Dalian I

建筑面积/Area：**9.4万㎡**　设计师/公司/Designer：台湾汉光建筑设计事务所+大连市建筑设计研究院　建成时间/Built time：**1996年**　地理位置/Location：**N38°53'15.30"E121°35'20.84"**　地址/Address：沙河口区星海街会展路交汇 No.18 Huizhan Road, Shahekou District　用途/Function：会展建筑Conference Building　公交车/Bus：16/18/22/23/27/28/37/202/404/406/531/542/901　联系方式/Contact：0411-84809663

星海广场的标志性建筑，位于星海广场轴线的北端。作为大连较早设计建造的大型博览建筑，平面布局呈轴线对称，外观带有传统城堡风格，红棕色石材饰面，略显封闭。中央大堂两翼是室内展馆，采用巨型钢结构设计，形成大跨度展示空间。建筑风格与会展二期形成鲜明对比。此工程为 **1997~1998 年**辽宁省优秀设计。

平面图

世界博览广场 - 大连星海会展中心二期
The Exhibition Center of Xinghai in Dalian II

建筑面积/Area: **13.45万㎡**   设计师/公司/Designer: 法国EDDS公司德拉里（室内）   建成时间/Built time: 2004年   地理位置/Location: N38°53'9.62"E121°35'27.67"   地址/Address: 沙河口区会展路18号 18 Huizhan Road, Shahekou District   用途/Function: 会展建筑 Conference Building   公交车/Bus: 16/18/22/23/27/28/37/202/404/406/531/542/901   联系方式/Contact: 0411-84805577

位于星海广场东北角，与会展中心一期展馆遥相呼应。建筑主体为大柱网高层钢框架结构，外立面装饰为点式、石材、铝复合板幕墙。建筑立面简洁，内部空间开敞、尺度大，各展览空间联系紧密。

现代博物馆
Modern Museum

建筑面积/Area：3.04万㎡ 设计师/公司/Designer：大连都市发展设计有限公司 建成时间/Built time：2002年 地理位置/Location：N38°53'18.94"E121°35'10.25" 地址/Address：沙河口区会展路10号 No.10 Huizhan Road, Shahekou District 用途/Function：会展建筑 Conference Building 公交车/Bus：16/18/22/23/27/28/37/202/404/406/531/542/901 联系方式/Contact：0411-84800188

位于中山路和会展路的交界处，是进出星海广场的重要交通节点。外形采用虚实对比的手法，尺度彰显建筑性格，柱廊形成缓冲空间，使建筑物和环境有了一种默契的联系。黑白的材料对比让整个建筑简洁明快。内部空间以圆形中厅组织参观流线，流动有序。

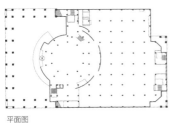

平面图

期货大厦
Dalian Future Hall

建筑面积/Area：217,090㎡　设计师/公司/Designer：GMP建筑事务所（德）　建成时间/Built time：1993年　地理位置/Location：N38°53'28.48"E121°35'22.11"　地址/Address：沙河口区会展路129号 No.129 Huizhan Road, Shahekou District　用途/Function：行政办公建筑 Office Building　公交车/Bus：16/18/22/23/27/28/37/202/404/406/531/542/901　联系方式/Contact：0411-845418113

双子楼以星海广场中轴线为建筑群的中线，面向星海广场，紧邻会展路。采用白色框架立面架构，具有强烈的构成感。内部空间开敞，充分考虑不同类别、不同体量下的商务需求；建筑设计运用扁梁，增加室内空间感，达到户型进深最大不超过 8m，保证空间自然采光和通风条件；立面采用可开启 Low-E 低辐射中空双层玻璃外墙，整个建筑外观现代、美观。

总平面

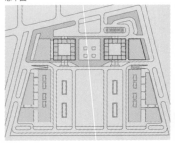

建筑面积/Area：**1.8万㎡**　设计师/公司/Designer：**齐康/大连理工大学**　建成时间/Built time：**2009年**　地理位置/Location：**N38°52'37.75"E121°35'6.41"**　地址/Address：**沙河口区星海广场东南角** Southeast corner of Xinghai Square, Shahekou District　用途/Function：**观览建筑** Exhibition Building　公交车/Bus：**18/22/23/37/202/406/531**　联系方式/Contact：**0411-84801470**

位于星海广场东南方向临海的位置，塑造了一个有抽象贝类隐喻的建筑形象，主开口面向大海，曲线的壳顶面朝向广场，运用壳面叠加的手法，形成流线型缝隙，使形体变化更加丰富。主体展区呈螺旋线型布置，观展流线舒适自然。此馆尚未投入使用。

平面图

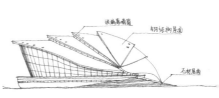

立面图

星海新天地
New World of Xinghai

建筑面积/Area：11万㎡　设计师/公司/Designer：—　建成时间/Built time：2007年　地理位置/Location：N38°52'34.20"E121°35'31.25"　地址/Address：沙河口区滨海路入口 Binhai Road, Shahekou District　用途/Function：商业建筑　公交车/Bus：18/22/23/37/202/406/531　联系方式/Contact：—

位于星海广场东南侧，为主要经营高档餐饮服务的建筑群。街区采用组团式围合布局，一般为 5 层，整体装修格调高雅，墙面采用灰色、淡褐、淡紫等颜色的仿石贴面，顶部多采用欧式建筑形式，四方尖顶，拱顶以及老虎窗等，营造出古典优雅的风格。建筑群被山、海、广场所环抱，街区环境优越。

建筑面积/Area： 30000㎡　　**设计师/公司/Designer：** 美国WATG设计事务所　　**建成时间/Built time：** 2002年　**地理位置/Location：** N38°52'34.20"E121°35'31.25"　**地址/Address：** 沙河口区滨海西路600号 No.600,Binhai Road, Shahekou District　**用途/Function：** 旅馆建筑 Hotel Building　**公交车/Bus：** 14/333　**联系方式/Contact：** 0411-86560000

位于滨海路西端北侧、星海湾广场东侧、莲花山南麓的三角风景带。原为大连贝壳博物馆，建筑结合山体，模仿欧式古堡造型，虽有很高的社会认知度，但由于经营效果不佳，遂整体拆除，改建为豪华五星级酒店，外观延续之前的城堡风格。改建之后的城堡酒店规模和功能都有很大的提升，外观更加宏伟壮观，但之于环境来说，建筑体量和尺度的改变所带来的压抑感也令人担忧。

星海国宝
The Treasures of Xinghai

建筑面积/Area：8.4万㎡　设计师/公司/Designer：张文明建筑师事务所（台湾）+大连市建筑设计研究院　建成时间/Built time：2000年　地理位置/Location：N38°52'45.30"E121°35'35.80"　地址/Address：沙河口区星海广场滨海西路599号 No.599 West Binhai Road, Shahekou District　用途/Function：住宅建筑 Housing Building　公交车/Bus：18/22/23/37/202/406/531　联系方式/Contact：—

位于星海广场东侧，为大连较早的仿欧式高档住宅。建筑采用折中古典样式风格，线脚处理细腻，施工质量良好。建筑分为明显的基座、屋身和屋顶三部分。每栋楼屋顶设有塔楼，远观效果明显，成为之后被不断效仿的设计之一。此工程为2001~2002年度辽宁省优秀设计。

建筑面积/Area：**11,306.39㎡**　设计师/公司/Designer：中国建筑东北设计研究院大连分院　建成时间/Built time：—　地理位置/Location：N38°52'56.42"E121°34'13.73"　地址/Address：沙河口区中山路467号 No.467 Zhongshan Road, Shahekou District　用途/Function：医疗建筑, Medical Building　公交车/Bus：16/22/23/28/37/202/406/528/531/901　联系方式/Contact：0411-84671291

门诊楼垂直中山路主干道布置，主立面朝东，面向庭院广场设置了大面积的玻璃幕墙，营造了舒适、光线充足的候诊大厅。向上弧形收进的玻璃幕墙与网格状的石材墙面相互交融，并形成虚实对比。

S-10 星海假日酒店
沙河口区　Xinghai Holiday Hotel

建筑面积/Area: **210,000㎡**　设计师/公司/Designer: **—**　建成时间/Built time: **2006年**　地理位置/Location: **N38°52'44.71"E121°34'8.19"**　地址/Address: **沙河口区中山路星海广场C1区32号 No.32, C1 Zone, Xinghai Square, Zhongshan Road, Shahekou District**　用途/Function: **酒店建筑 Hotel Building** 公交车/Bus: **16/22/23/28/37/202/406/528/531/901**　联系方式/Contact: **0411-84677777**

位于中山路主干道南侧，基地紧邻海湾。建筑外形与国外某海滨酒店相仿，造型呈船帆形态。建筑曾一度沦为烂尾楼，后经过全面的二次改造。建筑立地环境优越，客房观海视野良好。

建筑面积/Area：12,800㎡ 设计师/公司/Designer：大和建筑（日本）+筑博工程设计有限公司 建成时间/Built time：2012年 地理位置/Location：N38°52'47.86"E121°34'25.70" 地址/Address：沙河口区中山路465号 No.465 Zhongshan Road, Shahekou District 用途/Function：住宅建筑 Housing Building 公交车/Bus：16/22/23/28/202/406/528/901 联系方式/Contact：—

项目位于原大连医学院旧址，依山而建，由日本大和住宅公司开发建造。考虑结构合理性，将标准平面进深加大，立面划分简洁明了，无多余装饰。

建筑面积/Area：14,561万㎡　设计师/公司/Designer：柳长洲/大连理工大学　建成时间/Built time：2005年　地理位置/Location：N38°53'39.41"E121°34'52.91"　地址/Address：沙河口区星海湾和平广场西侧中山路552号 No.522 Zhongshan Road, Shahekou District　用途/Function：综合体 Complex Building　公交车/Bus：6/16/18/22/23/27/28/37/202/404/406/410/503/506/531/542/715/901　联系方式/Contact：0411-82193777

位于中山路和高尔基路形成了三角地带上。用两条动感的弧线型体量限定了一个开放的广场。建筑群利用跌落，高差，使体量的组合富于动感。材料简洁大方，立面形式因为平面的错落变得丰富。主塔楼部分的屋顶，用倒置的楔形玻璃体结构，实现了建筑形式的对立统一。

总平面图

建筑面积/Area：**1993.85㎡**   设计师/公司/Designer：山本理显（日） 建成时间/Built time：
2007年 地理位置/Location：**N38°53'43.29"E121°35'12.78"** 地址/Address：沙河口区南口街8号
No.8 Nankou Road, Shahekou District 用途/Function：观览建筑 Exhibition Building 公交车/Bus：
14/15/26/32/528/533/715 联系方式/Contact：—

国际著名设计大师山本理显设计。建筑在覆土的绿坡地形上，采用流线型的建筑形式与
人工地形形成和谐统一的关系。山本大师的白色色调与整齐的网格立面得到了突出的
表现。

建筑面积/Area：295,000万㎡　设计师/公司/Designer：
美国PDI+大连市建筑设计研究院　建成时间/Built
time：2003年　地理位置/Location：N38°54'40.34"
E121°35'11.86"　地址/Address：沙河口区西安路139号 No.139
Xi'an Road, Shahekou District　用途/Function：综合体 Complex
Building　公交车/Bus：14/15/26/32/528/533/715　联系
方式/Contact：0411-84520666

大连西安路商业新区标志性建筑，大连较早的商业
综合设施。建筑用地南北方向狭长，南北两端设有
广场，与道路交叉口和主干路之间形成了良好的过
渡。一层商业部分设室内中庭，形成可环游的平面
布局。四栋高层公寓楼沿西侧平行间隔排布，排布
角度与基地型形成良好的对应，其造型通透挺拔，顶
部由高渐低的带状女儿墙，给人以海滨城市蓝天
白云的遐想。此工程为 2005~2007 年辽宁省优秀
设计。

总平面图

辰熙大厦
Chenxi Building

建筑面积/Area：52,223㎡　设计师/公司/Designer：中国建筑东北设计研究院大连分院　建成时间/Built time：2006年　地理位置/Location：N38°52'23.45" E121°33'11.43"　地址/Address：沙河口区中山路688号 No.688 Zhongshan Road, Shahekou District　用途/Function：综合体 Complex Building　公交车/Bus：16/23/28/202/406/523/528/531/901　联系方式/Contact：—

辰熙大厦北邻中山路主干道，是黑石礁地区的标志性建筑。建筑布局上，将5层裙房临街布置，高层塔楼向南退后，保证良好的整体视觉印象。塔楼平面部分采用圆角，立面则为连续的水平开窗，一方面可获得较为开阔的室内环视效果，另一方面令人联想起芝加哥学派"横条窗"的设计语言。

大连软件园 10 号、11 号
Dalian Software Park 10th & 11th

建筑面积/Area：15,975㎡　设计师/公司/Designer：崔愷/中国建筑设计研究院　建成时间/Built time：2006年　地理位置/Location：N38°52'58.60" E121°32'23.68"　地址/Address：沙河口区数码广场 Digital Plaza, Shahekou District　用途/Function：办公建筑 Office Building　公交车/Bus：3/10/26/901　联系方式/Contact：—

建筑位于圆形广场一侧的扇形地段，平面采用两个弧形体块相互叠合，面对广场一侧采用全玻璃透明幕墙，与广场形成呼应。背面的弧形体块则相对封闭，采用仿石材贴面，形成虚实对比，简洁而优雅。2008年度全国工程勘察设计行业优秀工程勘察设计行业奖（建筑工程设计）二等奖。

大连软件园 10 号

大连软件园 11 号

S-17 大连软件园软件工程师公寓
沙河口区
Software Engineer Apartment of Dalian Software Park

建筑面积/Area: 28,000万㎡ 设计师/公司/Designer: 崔愷/中国建筑设计研究院 建成时间/Built time: 2006年 地理位置/Location: N38°52'58.60" E121°32'23.68" 地址/Address: 沙河口区数码路100号 No.100 Digital Road, Shahekou District 用途/Function: 公寓/酒店 Housing Building 公交车/Bus: 3/10/23/26/901 联系方式/Contact: 0411-84667000

建筑用地位于南北狭长的沿街地段，建筑主要针对当地对小户型公寓需求的白领。建筑布局考虑街道的连续性，将建筑竖向划分为低层小户型和高层大户型两个部分，低层部分沿街立面采用整齐排布的深色方窗突出外墙，构成统一而变化的韵律。高层部分4层高的箱型体块间隔布局并垂直于街道，与低层部分形成对比。低层部分南北贯通的中庭空间富于变化并尺度宜人。

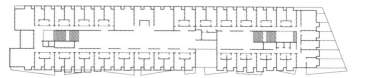

平面图

大连软件园 8 号
Dalian Software Park 8th

建筑面积/Area：9093㎡　设计师/公司/ Designer：崔愷/中国建筑设计研究院　建成时间/Built time：2006年　地理位置/Location：N38°52'58.60" E121°32'23.68"　地址/Address：沙河口区软件园8号 No.8 Software Park, Shahekou District　用途/Function：办公建筑 Office Building　公交车/Bus：3/10/23/26/901　联系方式/Contact：0411-84835031

位于圆形广场放射形道路之间的扇形地段，建筑呈椭圆形对称布局，建筑入口处向内凹进，面向广场形成缓冲。建筑体型完整，立面采用格网状的混凝土外皮与仿石贴面窗间墙，相互叠加富有韵律。

建筑面积/Area：128,587㎡ 设计师/公司/
Designer：巴斯克维国际建筑设计顾问公司+
大连建筑设计研究院 建成时间/Built time：
2011年 地理位置/Location：N38°53'2.19"
E121°32'25.97" 地址/Address：大连市软件园
数码广场东北角 Intersection of Wuyi Road and
Digital Road, Shahekou District 用途/Function：
居住建筑 Housing Building 公交车/Bus：
3/10/23/26/901 联系方式/Contact：—

基地位于软件园数码广场一角，并沿数码
路向北延展。建筑群由三栋简约仿欧高层
公寓，以及沿街布置的低层商业配套建筑
组成。建筑整体风格统一而简洁，具有都
市居住的氛围。

大连软件园 3 号
Dalian Software Park 3th

建筑面积/Area：38,544㎡　**设计师/公司/Designer**：崔恺/中国建筑设计研究院　**建成时间/Built time**：2003年　**地理位置/Location**：N38°53'13.36" E121°32'6.66"　**地址/Address**：沙河口区数码路北段 No.5 East Software Park Road, Shahekou District　**用途/Function**：办公建筑 Office Building　**公交车/Bus**：3/10/26/901　**联系方式/Contact**：—

坐落于软件园区地势较高地段，为 IT 工作者提供了标准较高的国际化研发办公环境。建筑采用"九宫格"的平面布局，可在体量上化解建筑的压迫感，并容易与坡地相结合。建筑立面采用三段竖向划分，并在北向入口水平处将建筑立面划分为上下两段。上段为 3 层，外墙采用暖灰色石材贴面，素朴典雅，下段则全面采用玻璃幕墙，形成与坡地的交融。

大连软件园幼儿园
The Kindergarten of Dalian Software Park

建筑面积/Area：4,651㎡　设计师/公司/Designer：Debbas Architecture建筑师事务所　建成时间/Built time：2010年　地理位置/Location：N38°54'33.92" E121°35'2.91"　地址/Address：沙河口区软件园东路60号 No.60 East Software Park Road, Shahekou District　用途/Function：托教建筑 Nursery Building　公交车/Bus：3/10/23/26/901　联系方式/Contact：—

建筑形似五枚豆荚，造型新颖，立面采用红色的贴面砖和仿清水混凝土涂料，营造出活泼的效果。

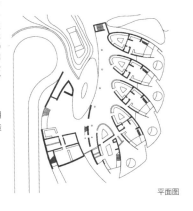

平面图

G-VI

张前路

荣鑫公路

红城路

营城东路

器前路

红城路

金红东路

张前路

甘井子区行政区图

甘井子区分区图

1km

松 江 路

G-01

虹 港 路

逸林街

虹 港 路

50　　　150　　　250
0　　100　　200

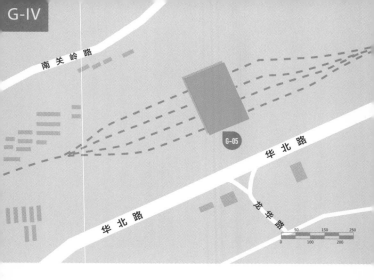

南关岭路

华北路

华北路

龙华路

G-05

G-V

西北路

G-06

西北路　　岚　岭　路

| 50 | 150 | 250 |
| 0 | 100 | 200 |

G-VI

G-07

营辉路

营城街

| 25 | 75 | 125 |
| 0 | 50 | 100 |

建筑面积/Area: 135,000㎡ 设计师/公司/Designer: 北京民航建筑设计研究总院+大连市建筑设计研究院+中国建筑东北设计研究院 建成时间/Built time: 1990年代初 地理位置/Location: N 38°96', E 121°54' 地址/Address: 甘井子区迎客路100号 No.100, Yingke Road, Ganjingzi District 用途/Function: 交通建筑 Transportation Building 公交车/Bus: 701/710/532 联系方式/Contact: 0411-96600

大连于20世纪90年代初兴建新机场（周水子），采用中国建筑东北设计研究院中标方案。新机场造型圆润流畅，东西两侧圆形楼梯间以及直通二层的车行坡道特征明显。后于2005年、2011年翻新及扩建，将国际、国内两部分区分并以东西向两层甬道连接。造型采用简单几何大跨度结构，内部设计保留老航站楼楼梯间，保持新旧空间的连续性。

原大连周水子国际机场航站楼

建筑面积/Area：15,579m²　设计师/公司/Designer：范悦、山代悟/大连理工大学　建成时间/Built time：2013年　地理位置/Location：N 38°95', E 121°56'　地址/Address：甘井子区东纬路9号 No.9, Dongwei Road, Ganjingzi District　用途/Function：文教建筑 Educational Building　公交车/Bus：602　联系方式/Contact：0411-86652995

由于抗震性能未达标而进行学校的原址重建，在用地未改变的情况下要完成小学规模从24班型到36班型的扩展。即使风雨操场等一部分放入地下，教学楼也需要7层高的容量。设计利用坡地中段的校园与北侧公园的高差，将三层作为公共开放层进行了剖面设计。通过将主入口设置在三层，缩短了建筑内部学生的竖向动线距离。高低年级学生皆可以便捷的到达操场或北侧公园，同时保证了安全疏散。教学楼北侧布置宽敞的走廊，一方面有利于课间与北侧公园园林风景的互动，另一方面作为开放空间提供了轻松活泼的交流场所。

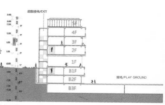

剖面图

三层平面图

操场

甘井子区图书档案馆
Library and Archives of Ganjingzi District

建筑面积/Area：22,457㎡　设计师/公司/Designer：齐康　建成时间/Built time：2010年　地理位置/Location：N 38°95', E 121°53'　地址/Address：甘井子区虹韵路129号 No.129, Hongyun Road, Ganjingzi District　用途/Function：文教建筑 Educational Building　公交车/Bus：37/542/710　联系方式/Contact：0411-86653045

建筑位于甘井子区新规划的行政中心区内，基地南高北低。建筑采用对称布局，造型整体感强，平面呈双鱼状，立面对称而富于变化。建筑外墙以浅色石材与浅蓝灰色中空玻璃幕构成虚实对比，南立面采用玻璃幕墙与金属肋的构架，连续竖向划分线条流畅。在入口处运用竖向金属肋的不同弯度而形成环型雨棚，自然而巧妙。

甘井子区政府行政中心区
Ganjingzi Government & Administration Centre

建筑面积/Area：80,000m²　设计师/公司/Designer：大连市建筑设计研究院　建成时间/Built time：2009年　地理位置/Location：N 38°95', E 121°52'　地址/Address：甘井子区明珠广场2号 No.2, Mingzhu Plaza, Ganjingzi District　用途/Function：办公建筑 Office Building　公交车/Bus：6/9/33/405/413/414/710/717　联系方式/Contact：0411-86608951

基地位于甘井子区新规划的行政中心区域，建筑群包括行政楼、公安局、检察院、法院、会议中心以及行政服务大厅。建筑群各单元功能上既相互独立，又通过对称布局相互联系，整体格调素雅，富于现代感。建筑外观采用灰色石材，形式简约、凝重大气。

鸟瞰图

大连北站 G-05
Dalian North Railway Station 甘井子区

建筑面积/Area： 68,512㎡　**设计师/公司/Designer：** 同济大学建筑设计研究院　**建成时间/Built time：** 2012年　**地理位置/Location：** N 38°01', E 121°60'　**地址/Address：** 甘井子区华北路明悦广场 Mingyue Plaza, Huabei Road, Ganjingzi District　**用途/Function：** 交通建筑 Transportation Building　**公交车/Bus：** 1/8/518/516/908/909　**联系方式/Contact：** 0411-83627572

大连北站作为为哈大高速铁路和丹大城际铁路而新建的客运车站，其规划设计延续了国内高铁车站的空间设计定位及理念。外观形式地标性强，如同一块巨石屹立在白云蓝海之间。矩形对称的超大体量通过流线型的褶皱阴影以及浅黄色的石材表皮勾勒出相对完整的建筑印象。

大连市体育中心
Dalian Sports Centre

建筑面积/Area：体育馆：83,000㎡；体育场：120,000㎡ 设计师/公司/Designer：美国纳德华建筑设计公司＋大连都市发展设计有限公司 建成时间/Built time：2013年 地理位置/Location：N 38°02', E 121°56' 地址/Address：甘井子区岚岭路699号 No.699, Lanling Road, Ganjingzi District 用途/Function：体育建筑 Sports Building 公交车/Bus：— 联系方式/Contact：0411-86427236

新的体育中心坐落于近郊新规划的土地上，实现了高规格宏大的场馆设计。光亮的外观与市民参与、后期使用及维护之间的模糊地带也许会影响对此建筑的评价。

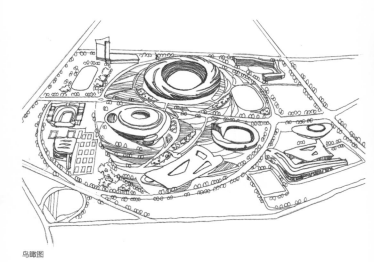

鸟瞰图

建筑面积/Area：11,000㎡　设计师/公司/Designer：范悦、山代悟/大连理工大学　建成时间/Built time：2013年　地理位置/Location：N 38°98', E 121°38'　地址/Address：甘井子区营城子村 Yingchengzi Village, Ganjingzi District　用途/Function：文教建筑, Educational Building　公交车/Bus：大连站北–旅顺　联系方式/Contact：0411-86691314

本项目为同小学的原址重建，基地主要交通来自西侧干道。整体建筑沿北侧一字排开，将公共性较强的建筑体量（风雨操场）与西侧干道毗邻布置，将教学栋设置于东侧安静区域，两者之间由入口门厅和公共空间作为连接。方案对于风雨操场体块做了细致的剖面设计，巧妙地通过不同大小的功能空间的错动，形成了半室外的廊下空间，方便各种天候下的学生使用。在入口门厅公共区域设计了围绕中庭的开放式空间，通过吹拔和大楼梯与二层相连，开放空间设有展示、图书阅览、休息等功能。风雨操场立面尝试以较低成本且施工简单的混凝土做法，实现如同幕墙外挂般的凹凸有致的自由立面效果。

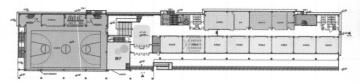

一层平面图

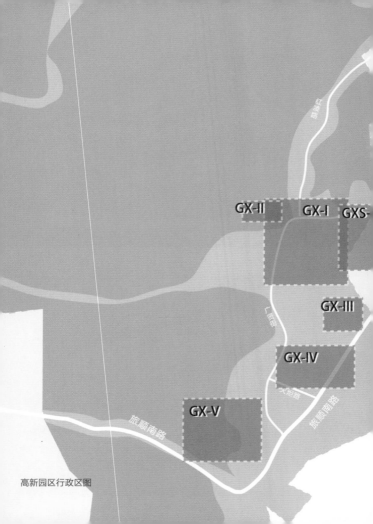

GX-II   GX-I   GXS-

GX-III

GX-IV

GX-V

高新园区行政区图

高新园区

高新园区分区图

1km

GXS- 高新园区与沙河口区交接处

GX-01 东软信息学院建筑群

GX-02 大连软件园9号国际软件服务中心

GX-03 中辰国际公寓

GX-04 大连理工大学科技园大厦B座

GX-05 大连理工大学创新园大厦

GX-06 大连高级经理学院

GX-07 大连理工大学西部校区

GX-08 大连理工大学主楼、一馆、二馆

GX-09 大连理工大学伯川图书馆

GX-10 大连理工大学国际会议中心

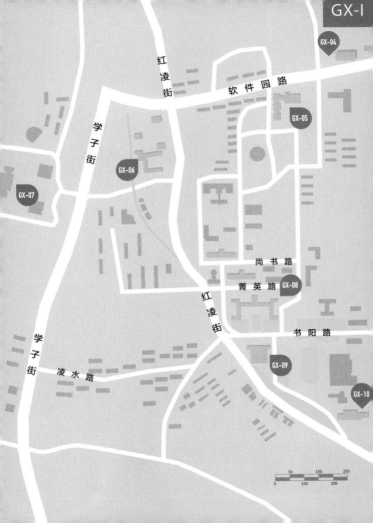

GX-II

GX-11

凌奥街

25 75 125
0 50 100

GX-III

南海路

东海路

黄浦路

凌南路

GX-12

GX-13

25 75 125
0 50 100

GX-11 大有恬园青春公社　　GX-14 高新万达广场
GX-12 海事大学展览馆　　　GX-15 晟华科技大厦
GX-13 海事大学水上训练中心　GX-16 软件园腾飞园区

GX-IV

黄浦路

微贤街

高能街

GX-15

火炬路

七贤东路

GX-14

GX-V

任贤街

火炬路

仁贤路

黄浦路

GX-16

黄浦路

50 150 250
0 100 200

173

东软信息学院建筑群
Buildings Of Dalian Neusoft University Of Information

建筑面积/Area：32560m² 设计师/Designer：沈阳都市建筑设计有限公司 建成时间/Built time：2001年 地理位置/Location：N38°53'18.83"E121°32'02.68" 地址/Address：高新园区软件园路8号/东软信息学院 No.8, Ruanjianyuan Road, Gaoxinyuan District/ Dalian Neusoft University of Information 用途/Function：教育建筑, Educational Building 公交车/Bus：3/26/901 联系方式/Contact：0411-84835042

基地占地约60万m²，由南向北呈一定的坡起并与牛角山相连。园区规划有一定的轴线关系并能结合地形形成院落景观，主要建筑沿街道布局，并在街道交叉处形成视觉焦点。建筑整体形态上具有欧洲城堡的特征，造型上多用弧形、圆形、坡屋顶等元素，单体之间以廊道连接。外观强调北方建筑的厚重感，通过形体及窗户的尺度变化，创造具有丰富凹凸感的效果。建筑外墙使用天然暖灰色石材，朴实大方、做工精良，具有良好的耐候性。

大连软件园 9 号国际软件服务中心
Dlsp No.9 International Software Service Center

建筑面积/Area：41525㎡　设计师/公司/Designer：崔恺/中国建筑设计研究院　建成时间/Built time:2004年　地理位置/Location：N38°53'16.35"E121°32'00.60"　地址/Address：高新园区软件园路9号 No.9 Building of International Software Service Center, Ruanjianyuan Road, Gaoxinyuan District　用途/Function：办公建筑 Office Building　公交车/Bus：3/26/901　联系方式/Contact：0411-84756480

崔恺先生为软件园设计的又一座标新立异的建筑。150m 长的线性体量由西向东与街道形成一定角度向内延伸，其上方则有 4 层方形体量（实际 5 层）斜向穿插出来，一部分探出主体建筑，两个建筑体量表现得非常纯净，犹如一件抽象的景观雕塑，其两者以及与街道的紧张关系增强了整体的视觉印象。建筑外饰面采用小块板岩砖和预制钢筋混凝土挂板，典雅素朴，与软件园整体建筑风貌形成统一。

中辰国际公寓

GX-03 高新园区

Zhongchen International Apartment

建筑面积/Area：15000m²　设计师/公司/Designer：—　建成时间/Built time：2008年　地理位置/Location：N38°53'15.63"E121°32'20.95"　地址/Address：高新园区软件园路9号 No.9, Ruanjianyuan Road, Gaoxinyuan District　用途/Function：居住建筑, Housing Building　公交车/Bus：3/26/533/901　联系方式/Contact：0411-86931267

位于软件园路南侧，主要针对附近 IT 工程师需求而建的单栋小户型公寓。建筑高 12 层，户型面积均为 50m²。建筑风格讲求色块搭配，立面内凹阳台形成网格状划分，构成感强，具有一定的地域文化特征和国际品位。

大连理工大学科技园大厦 B 座
Science & Technology Park B Of Dalian University Of Technology

建筑面积/Area：18000㎡　设计师/公司/Designer：张险峰/大连理工大学　建成时间/Built time：2005年　地理位置/Location：N38°89'37.96"E121°53'89.75"　地址/Address：高新园区软件园路80号 No.80, Ruanjianyuan Road, Gaoxinyuan District　用途/Function：办公建筑, Office Building　公交车/Bus：3/26/901　联系方式/Contact：0411-84707683

位于主校区北门外软件园路北侧，建筑背靠牛角山而立，正向面对大工校园。建筑整体采用集中式布局，内部设置双核心筒，高层部分每几层便结合交通空间设置中庭，空间变化丰富。建筑立面采用淡蓝色玻璃表皮，施以金属构件网格划分，北侧外墙为仿石挂板，立面强调竖向划分。整体造型简洁，体量厚重并富于现代感。

大连理工大学创新园大厦

Science & Technology Park Of Dalian University Of Technology

建筑面积/Area: 36635㎡　设计师/公司/Designer: 刘玉龙、胡珀等/清华建筑设计研究院　建成时间/Built time: 2005年　地理位置/Location: N 38°88', E 121°53'　地址/Address: 高新园区凌工路2号/大连理工大学 No.2, Linggong Road, Gaoxinyuan District/Dalian University of Technology　用途/Function: 教育建筑 Educational Building　公交车/Bus: 3/26/901　联系方式/Contact: 0411-84707683

位于主校区北部尽端，整体地势较高。建筑通过两个板式高层建筑体量的组合构成了整个校园的制高点。采用底层架空、空中门厅等手法巧妙的利用复杂的场地高差，借势造景。建筑内每两层设置一个共享空间，营造良好的人性化交流氛围。立面设计采用黑色铝板外墙，通过黑与白、高与低、实与虚的穿插对比，形成既庄重典雅又清新简洁的建筑印象。

大连高级经理学院
Business Executives Academy, Dalian

建筑面积/Area：48940m²　设计师/公司/Designer：浙江大学建筑设计院　建成时间/Built time：2012年　地理位置/Location：N 38°88', E 121°52'　地址/Address：高新园区红凌路777号 No.777, Hongling Road, Gaoxinyuan District　用途/Function：教育建筑 Educational Building　公交车/Bus：3/26/901　联系方式/Contact：0411-39980111

国家级干部教育培训基地。基地位于大连理工大学西侧较为平坦地带，西邻凌水河。校园总占地面积 7 万 m²，采用院落式布局，将教学、生活和运动健身等设施进行分区布置。其中教学区位于场地南侧，并通过庭院向东侧开放，形成宽敞开阔的主建筑入口广场。生活区由北侧三栋高层公寓楼围合而成。建筑立面采用暖色外挂石材，整体风格简约大气，做工细腻，充满现代感。获"中国建筑工程鲁班奖"。

鸟瞰图

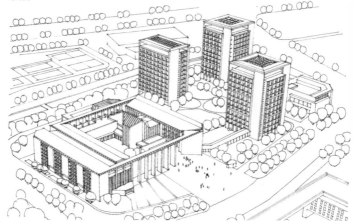

大连理工大学西部校区
The West Zone Of Dalian University Of Technology

建筑面积/Area：图书馆30000㎡，教学楼 44000㎡　设计师/公司/Designer：清华建筑设计研究院　建成时间/Built time：2009年　地理位置/Location：N 38°88′, E 121°51′　地址/Address：高新园区凌工路2号 No.2, Linggong Road, Gaoxinyuan District/Dalian University of Technology　用途/Function：教育建筑, Educational Building　公交车/Bus：3/26/901　联系方式/Contact：0411-84708629

大连理工大学主校区西侧山地上营建的新校区。占地面积 6.7hm²，校区布局沿东西主轴线及南北次轴线展开，主轴线西端的令希图书馆成为整个区域的中心，两栋综合教学楼沿主轴线对称布置，与图书馆共同环抱中心广场。南北次轴线结合场地高程布置了4~5 层的学部科研楼，形成了顺应山地等高线的校园空间布局。整个校区采用红色面砖，并与深色金属构件及玻璃灵活搭配，营造出既庄重素雅又自由开放的校园氛围。

总平面图

大连理工大学主楼、一馆、二馆
Dalian University Of Technology

建筑面积/Area：— 　设计师/公司/Designer：大连理工大学　建成时间/Built time：— 　地理位置/Location：N38°87', E121°52'　地址/Address：高新园区凌工路2号 No.2, Linggong Road, Gaoxinyuan District/Dalian University of Technology　用途/Function：教育建筑 Educational Building　公交车/Bus：10/23/26/3/36/406/533/901　联系方式/Contact：—

由大工师生自主设计，兴建于 20 世纪 50 年代末期，为学校历史最为悠久的建筑。三栋左右对称的建筑结合地形错动排布，以主楼为起点逐步向西北偏移。原为 3~4 层的建筑都之后进行了加建。建筑形制统一，室内空间高挑开敞，装修及做工朴实典雅。建筑外立面竖向划分特征明显，给人以静谧肃穆之感。外墙采用淡黄色砂浆抹面，随着时间的推移其色泽和质感更为厚重古朴，韵味盎然。

大连理工大学伯川图书馆
Bochuan Library Of Dalian University Of Technology

建筑面积/Area：20414㎡　设计师/公司/Designer：齐康/大连理工大学　建成时间/Built time：1998年　地理位置/Location：N 38°87', E 121°52'　地址/Address：高新园区凌工路2号/No.2, Linggong Road, Gaoxinyuan District/Dalian University of Technology　用途/Function：文化建筑/Educational Building　公交车/Bus：3/10/23 /406　联系方式/Contact：0411-84708629

位于主楼广场南侧重要地段。平面采用马蹄型布局，两翼略有伸展。建筑北向立面向内凹进形成内庭院，正向大台阶上装点大型浮雕"百川归海"。南向立面为明显的大门造型，配以大台阶。建筑整体为灰色面砖外墙上配有白色窗格装饰，端庄秀美。获"2000年教育部优秀工程设计二等奖"。

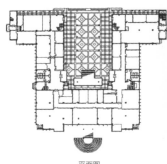

平面图

大连理工大学国际会议中心 GX-10
Conference Center Of Dalian University Of Technology
高新园区

建筑面积/Area：**23000㎡**　设计师/公司/Designer：**大连理工大学**　建成时间/Built time：**2003年**　地理位置/Location：**N38°52'32.68"E121°31'56.51"**　地址/Address：**高新园区凌工路2号 No.2, Linggong Road, Gaoxinyuan District/Dalian University of Technology**　用途/Function：**酒店建筑 Hotel Building**　公交车/Bus：**3/10/23/406**　联系方式/Contact：**0411-84708888**

由大连理工大学兴建的国际会议中心紧邻校区南门，由 12 层的宾馆楼、6 层的会议科研楼组成。两栋建筑并列排布，高低相望，之间由宾馆和会议的大厅水平连接。深灰色的建筑外墙上施以格网划分，底层连接部分为白色面砖镶嵌的连接柱廊，整体风格简约现代、稳重典雅。

大有恬园青春公社
The Youth Community Of Da You

建筑面积/Area：110145㎡　设计师/公司/Designer：大连市建筑设计研究院　建成时间/Built time：2012年　地理位置/Location：N38°53'10.93"E121°30'33.94"　地址/Address：高新园区凌奥街 Ling'ao Road, Gaoxinyuan District　用途/Function：居住建筑 Residential Area　公交车/Bus：10/406　联系方式/Contact：0411-84733535

建筑为面向年轻人群的小户型公租房。由三栋33层的高层塔楼间隔布局，内含1634户。底层部分为配套公建，并设有700余个车位。建筑为正方形核心筒平面布局，房间沿四个方向均匀排布。建筑立面施以均匀的方格开窗，并通过凸出的空调机位格栅进行错动和装点，使得整体外观整洁而有韵律感。室内采用太阳能集热管和建筑本体一体化设计及安装，体现生态环保的理念。

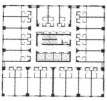

平面图

建筑面积/Area：3215㎡　设计师/公司/Designer：大连都市发展设计有限公司　建成时间/Built time：2006年　地理位置/Location：N38°54'56.59 E121°37'32.99"　地址/Address：高新园区凌海路1号/大连海事大学 No.1, Linghai Road, Gaoxinyuan District/ Dalian Maritime University　用途/Function：教育建筑 Educational Building　公交车/Bus：3/406/23/10　联系方式/Contact：—

大学校史资料展览及宣传的场馆。基地紧邻校门，并带有一定的高差。建筑结合基地环境以及参观流线，通过自由形态的平面空间以及连续的楼地面的组织，形成高低起伏的连续空间。建筑外观通过几何体块的碰撞和连接，使人联想起凝固的海面，具有一定的抽象性和象征性。

一层平面图

GX-13 海事大学水上训练中心
高新园区 Aquatic Training Centre Of Dalian Maritime University

建筑面积/Area：**5646㎡**　设计师/公司/Designer：　大连建发建筑设计院　建成时间/Built time：
2008年　地理位置/Location： **N38°52'10.70"E121°32'03.14"**　地址/Address：高新园区凌海路1号/大
连海事大学 No.1, Linghai Road, Gaoxinyuan District/ Dalian Maritime University　用途/Function：体育建筑
Sports Building　公交车/Bus： 10/202/28/406/502/507/531　联系方式/Contact： 0411- 84729360

作为海事大学的标准游泳场馆，建筑提供了长82m，宽48.9m，高22m的大型空间。
屋面采用钢网架结构，实现了波浪形的外观造型。墙面采用大面积玻璃幕墙，沿主干道
立面辅以蜿蜒变化的格栅，整体风格时尚，富于时代感。

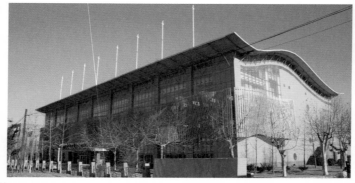

建筑面积/Area：270,000m²（地上195,000m²，地下75,000m²）　设计师/公司/Designer：
大连都市发展设计有限公司　建成时间/Built time：2012年　地理位置/Location:N38°51'45.50
"E121°31'58.28"　地址/Address：高新园区黄浦路与七贤路交汇处 Crossroads of Huangpu Road and
Qixian Road, Gaoxinyuan District　用途/Function：商业建筑 Commercial Building　公交车/Bus：
3/28/202/531/站北广场-旅顺区间车　联系方式/Contact：0411-84762999

万达选择大连新兴发展区域（高新园）作为其在大连第一号万达广场的所在地，确实想
法独到，并给当地带来许多惊喜。虽然基地进出主干道会带来一定的不便，作为比较成
熟的商业综合体模式，万达广场依旧会让人们感受到固有的空间和形态的气质。室内商
业街主体为3层，局部会有多层的百货及主力店，商业街南北各有一个通向主街的主入口，
其外观也做了夸张的处理。建筑的东侧还留有室外的商业街道，以适应不同季节的活动
需求。建筑拥有2层地下空间，方便商业进货和大量停车的需求。

晟华科技大厦
Shenghua Science And Technology Building

建筑面积/Area：37724m² 设计师/公司/Designer：左良斗/大连市建筑设计研究院 建成时间/Built time：2010年 地理位置/Location：N38°32'38"E121°31'12.27" 地址/Address：高新园区火炬路与礼贤街交汇处 Crossroads of Huoju Road and Lixian Road, Gaoxinyuan District 用途/Function：办公建筑 Office Building 公交车/Bus：— 联系方式/Contact：—

建筑位于高新区主干道北侧的坡地上，整体形象端庄靓丽，格外显眼。建筑整体由玻璃幕墙覆盖，并配有黑色的型钢做大块的网格划分，经典独到。局部镶嵌花岗岩石材并做对称排布，既有现代办公建筑的简洁明快，又能体现高贵雅致的气质。建筑整体的比例划分、材料质感、色彩构成等设计令人印象深刻。

建筑面积/Area：600,000m²　设计师/公司/Designer：HOK（美）+大连市建筑设计研究院　建成时间/Built time：2013年　地理位置/Location：N38°51'02.86"E121°30'43.40"　地址/Address：高新园区汇贤园1号 No.1, Huixian Park, Gaoxinyuan District　用途/Function：办公建筑 Office Building　公交车/Bus：1/3/28/3/202/531　联系方式/Contact：—

项目位于旅顺南路北侧高地之上，整体规划为组团建筑，包括七栋综合研发楼和会议展览中心。规划呈环形布局，使各建筑单体拥有良好的对外形象，又可共享园区的内部环境和景观。建筑形体弯折，由内外两片相叠而成，并自然产生端部的缝隙。面向基地一侧为全玻璃幕墙并带有竖向连续分格的表皮处理，背向一侧则采用水平划分形成不同的立面效果。

丹大高速

旅顺口区行政区图

L-I

L-II

L-III

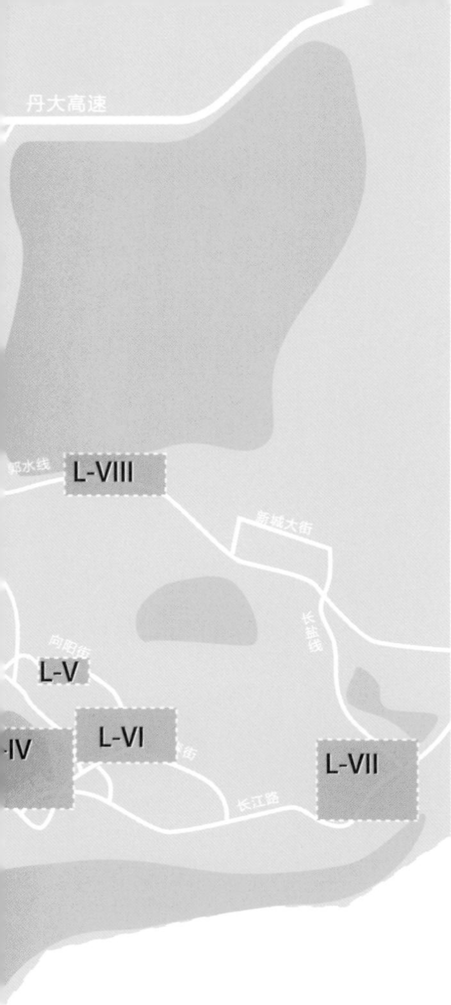

丹大高速

珍水线

L-VIII

新城大街

长盛线

向阳街

L-V

长盛线

IV

L-VI

L-VII

长江路

旅顺口区分区图

1km

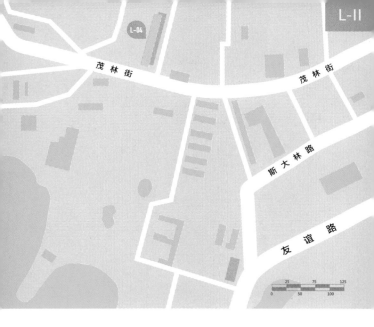

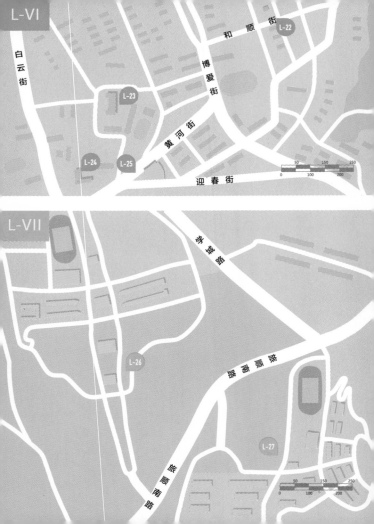

大连交通大学软件学院教学楼
Teaching Building Of Software Technology Institute Of Dalian Jiaotong University

建筑面积/Area：10万余㎡　**设计师/公司/Designer**：曲敬铭/大连理工大学　**建成时间/Built time**：2005年　**地理位置/Location**：N38°46'52.24" E121°09'1.99"　**地址/Address**：旅顺经济开发区金昌街1号 No.1, Jinchang Street, Lvshun Economic Development Zone　**用途/Function**：文教建筑 Educational Building　**公交车/Bus**：旅顺口区内公交18路　**联系方式/Contact**：0411-86223689

校园设计依托旅顺开发区独具特色的自然环境、人文特征及经济背景，是一所具有山海气质的开放型高校。其中专业教室原用作IT产业园办公楼，面向海边，为台阶状建筑。整个建筑群形成顺应山坡地势围绕山顶操场呈放射式布局，也成为其标志性建筑特点。

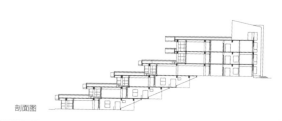

剖面图

旅顺世界和平公园
Lvshun World Peace Park

建筑面积/Area：1.8万㎡　设计师/公司/Designer：德维尔（法）　建成时间/Built time：2002年
地理位置/Location：N38°47'16.26" E121°08'41.78"　地址/Address：旅顺经济开发区杨套海滨浴场
Yangtao Beach, Lvshun Economic Development Zone　用途/Function：会展建筑, Conference Building
公交车/Bus：旅顺口区内公交18路　联系方式/Contact：0411-82806379

由法国设计师为旅顺和平公园设计的景观长廊，平面呈半圆形，以地球的陆地与海洋为
构成元素，长廊韵律感强，造型蕴含着和平，两翼呈帆状膜结构。

大连科技学院建筑群（原大连交通大学信息工程学院）
Buildings Of Dalian Institute Of Science And Technology

建筑面积/Area： 10万余㎡　**设计师/公司/Designer：** —　**建成时间/Built time：** 2005年　**地理位置/Location：** N38°47'24.49" E121°09'2.22"　**地址/Address：** 旅顺经济开发区滨港路999-26号 No. 999-26, Harborside Road, Lvshun Economic Development Zone　**用途/Function：** 文教建筑 Educational Building　**公交车/Bus：** 旅顺口区内公交18路　**联系方式/Contact：** 0411-84106525

建筑群整体按照田字形格网布局，通过连廊连接不同功能实体，同时形成内外贯通的内庭院，采用方圆体量对比、规整与活泼的外饰面对比等手法表现其韵律。

建筑面积/Area：11680㎡　设计师/公司/Designer：—　建成时间/Built time：1900年　地理位置/Location：N38°48'18.19" E121°13'4.38"　地址/Address：旅顺口区茂林街89号 No. 89, Maolin Street, Lushunkou District　用途/Function：医疗建筑 Medical Building　公交车/Bus：旅顺口区内公交1/2/3/6/12路　联系方式/Contact：0411-85883545

大连市第一批重点保护建筑。曾用作沙俄海军兵团营房以及日本占领时期的旅顺工科学堂。建筑整体规模较大，主体为3层砖木结构，外立面竖向线条特征明显，线脚简洁而华丽，具有俄罗斯建筑风格特征。

老照片

9号会馆（原沙俄军官宿舍）

Mansion 9 (Original Dormitory Of Russian Officers)

建筑面积/Area：500㎡　设计师/公司/Designer：—　建成时间/Built time：1900年　地理位置/Location：N38°48'38.80" E121°13'25.25"　地址/Address：旅顺口区五四街9号 No. 9, Wusi Street, Lushunkou District　用途/Function：商业建筑 Commercial Building　公交车/Bus：旅顺区内公交1/2/3/5/6/12路　联系方式/Contact：18640930349

原为沙俄军官宿舍，现命名为9号会馆。建筑位于街道交汇处的狭长基地，端部设计圆润精巧，令人印象深刻。整体风格别致优雅，比例规整协调，是街道交汇处的经典之作。

旅顺工科大学校长住宅旧址
Restment Of President Of Lvshun Engineer University

建筑面积/Area：**621㎡**　设计师/公司/Designer：**—**　建成时间/Built time：**1899-1903年**　地理位置/Location：**N38°48'41.53" E121°13'32.67"**　地址/Address：旅顺口区五四街11号 **No. 11, Wusi Street, Lushunkou District**　用途/Function：住宅建筑 **Housing Building**　公交车/Bus：旅顺口区内公交1/2/3/6路　联系方式/Contact：无

大连市第二批重点保护建筑。原为沙俄海军兵团营房，后校长井上喜之助以此为官邸。建筑为3层高砖木结构，左右山墙呈对称布局。建筑整体比例协调细节优美，主立面顶部大山花造型别致，令人印象深刻。建筑外观呈现不同时期的改造痕迹，整体保护状态堪忧。

建筑面积/Area：**1.600㎡**　设计师/公司/Designer：—　建成时间/Built time：**2012年（改造）**
地理位置/Location：N38°48'42.80" E121°13'35.28"　地址/Address：旅顺口区五四街 Wusi Street,
Lushunkou District　用途/Function：会展建筑 Conference Building　公交车/Bus：旅顺口区内公交
1/2/3/5/6路　联系方式/Contact：无

早期为沙俄私人府邸，后为日本收藏家大谷光瑞买下，作为其藏品库房，2012 年经重修
成为海参博物馆。建筑为 2 层高砖木结构，立面采用半圆拱廊、三叠圆拱窗，以及单坡
屋顶等形式，整体具有南欧早期私人府邸的气质。

老式汽车博物馆（原旅顺实业学校）
Museum Of Vintage Cars (Original Lvshun Industrial School)

建筑面积/Area： 1641㎡　**设计师/公司/Designer：** —　**建成时间/Built time：** 1900年　**地理位置/Location：** N38°48'39.80" E121°13'39.81"　**地址/Address：** 旅顺口区新华大街25号 No. 25 , Xinhua Street, Lushunkou District　**用途/Function：** 会展建筑 Conference Building　**公交车/Bus：** 旅顺口区内公交1/2/3路　**联系方式/Contact：** 无

大连市第二批重点保护建筑。1903年沙俄在此创办旅顺实业学校。建筑坐落在旅顺新市区的城市主轴线上。建筑为单层砖木结构，平面采用左右对称的内廊布局，室内空间高敞。立面线脚细腻，装饰效果明显。

建筑面积/Area：604m²　设计师/公司/Designer：—　建成时间/Built time：1898年　地理位置/Location：N38°48'43.73" E121°13'57.73"　地址/Address：旅顺口区宁波街47－48号 No.47-48, Ningbo Street, Lushunkou District　用途/Function：住宅建筑 Housing Building　公交车/Bus：旅顺口区内公交1/2/3/6/12路　联系方式/Contact：0411-83626337

大连市第一批重点保护建筑。1904 年之前为沙俄陆防司令康特拉科少将官邸，1931年之前，一直是历任"关东军司令官官邸"。建筑坐落于坡地之上，主体为 2 层高砖木结构，体量厚重，装饰线脚粗犷，而顶层的木质外廊又呈现出几分欧式乡土建筑的气息。

老照片

俄清银行
Bank Of Russia Of The Qing Dynasty

建筑面积/Area：1564㎡　设计师/公司/Designer：关东都督府民政部土木课（改造）　建成时间/Built time：1902年　地理位置/Location：N38°48'37.12" E121°13'46.57"　地址/Address：旅顺口区万乐街33号 No. 33 , Wanle Street, Lushunkou District　用途/Function：会展建筑Conference Building　公交车/Bus：旅顺口区内公交1/2/3/6/12路　联系方式/Contact：无

大连市第一批重点保护建筑。1904年以前作为俄清银行的旅顺支行，现改为博物馆。建筑为地上2层，地下1层的砖木结构。主体方正简约，墙面材质色彩淡雅，线脚拙朴。室内平面为回字形布局，中央楼梯部分上有采光天井，外观上形成塔楼型屋顶形式，颇具特色。

建筑面积/Area：2602㎡ 设计师/公司/Designer：— 建成时间/Built time：1900年 地理位置/Location：N38°48'31.94" E121°13'43.87" 地址/Address：旅顺口区万乐街10号 No. 10 , Wanle Street, Lushunkou District 用途/Function：会展建筑 Conference Building 公交车/Bus：旅顺口区内公交 1/2/3/6/12路 联系方式/Contact：0411-86382787

大连市第一批重点保护建筑。1937年前为日本关东军司令部办公楼，现为陈列馆。建筑为欧式古典主义风格，主体部分为2层，入口局部3层，砖木结构，是旅顺中心广场主体建筑之一。入口部分设柱廊，二、三层用圆形壁柱配科林斯柱头装饰，两翼则采用方形装饰壁柱划分。现存建筑屋顶等处形式已发生改变。

老照片

满蒙物产馆分馆旧址
Original Site of Manchu And Mongolia Product Museum Branch

建筑面积/Area：**1987㎡**　设计师/公司/Designer：**—**　建成时间/Built time：**1915年**　地理位置/Location：**N38°48'28.46" E121°13'32.11"**　地址/Address：旅顺口区列宁街22号 No. 22，Liening Street, Lushunkou District　用途/Function：会展建筑 Conference Building　公交车/Bus：旅顺口区内公交1/2/3/6/12路　联系方式/Contact：无

大连市第二批重点保护建筑，曾是关东都督府满蒙物产馆、关东都督府博物馆分馆、关东厅博物馆属图书馆等，现二层为留声机博物馆。建筑为2层高砖木结构，外观形式呈欧式折中主义风格。基地位于广场街道的一角，平面呈非对称式布局。立面形式处理呈现出丰富而低调的特点。

老照片

215 医院精神科病房（原日本警官练习所）

Ward Building Of Neurology Of No. 215 Hospital (Original Practicing Site Of Japanese Police)

建筑面积/Area：5164m² 设计师/公司/Designer：关东厅内务局土木课 建成时间/Built time：1900年 地理位置/Location：N38°48'24.54" E121°13'38.58" 地址/Address：旅顺口区列宁街24号 No. 24 , Liening Street, Lushunkou District 用途/Function：医疗建筑 Medical Building 公交车/Bus：旅顺口区内公交1/2/3路 联系方式/Contact：0411-86383432

大连市第二批重点保护建筑，曾用作沙俄时期工程师住宅以及日本巡查讲习所等。建筑为3层高砖木结构，采用平屋顶形式，立面强调水平线条，形式简约无多余装饰，显现出早期现代建筑的韵味。L型平面沿街路延展，围合成内庭院，转角部处理颇具特色。

旅顺博物馆
Lvshun Museum

建筑面积/Area：7710㎡　设计师/公司/Designer：（改建）松室重光/关东都督府民政局土木课
建成时间/Built time：1901 – 1918年　地理位置/Location：N38°48'26.15" E121°13'43.21"　地址/
Address：旅顺口区列宁街42号 No. 42 , Liening Street, Lushunkou District　用途/Function：会展建筑
Conference Building　公交车/Bus：旅顺区内公交1/2/3/6/12路　联系方式/Contact：0411-86382378

大连市第一批重点保护建筑。1901年由俄国建造，后由日本建筑师续建为满蒙物产馆，
现为旅顺博物馆。建筑为2层高砖木结构，平面布局呈工字型，联系南北两侧的花园与
广场。建筑形式以欧式古典为主，并兼容多种折中语汇，表现出不同时期建筑师对欧式
古典建筑的理解。

老照片

剖面

旅顺师范学堂附属公学堂旧址
Original Site Of Subsidiaries Of Lvshun Normal School

建筑面积/Area：4259㎡　设计师/公司/Designer：—　建成时间/Built time：1901年　地理位置/Location：N38°48'20.84" E121°13'30.97"　地址/Address：旅顺口区列宁街24号 No. 24 , Liening Street, Lushunkou District　用途/Function：医疗建筑Medical Building　公交车/Bus：旅顺口区内公交1/2/3/6/12路　联系方式/Contact：无

大连市第二批重点保护建筑，曾用作德泰号洋行，1917年旅顺师范科附属公学堂在此成立。建筑为3层高砖木结构，建筑沿街布局并汇聚于街角，建筑底部两层举架较高，三层向内推进，略带居住建筑的色彩。整体建筑格调大气，立面连续整体感强。

老照片

德泰号杂货店店员宿舍旧址
Original Site Of Detai Grocery Clerk Quaters

建筑面积/Area：**517㎡** 设计师/公司/Designer：— 建成时间/Built time：**1901年** 地理位置/Location：**N38°48'23.18" E121°13'28.15"** 地址/Address：旅顺口区文化街28号 No. 28, Wenhua Street, Lushunkou District 用途/Function：**住宅建筑** Housing Building 公交车/Bus：旅顺区内公交1/2/3路
联系方式/Contact：无

大连市第二批重点保护建筑。曾用作德泰号杂货店的职员宿舍，后被称为"绣楼"。建筑为2层高砖木结构，外观呈现欧式乡土做法，大块护角石相互交错，二层圆窗装饰性强，使两面山墙对称而活泼。

大和旅馆旧址

Original Site Of Japan Hotel

L-17 旅顺口区

建筑面积/Area：3796m²　设计师/公司/Designer：（改建）满铁本社工务科　建成时间/Built time：1903年　地理位置/Location：N38°48'20.37" E121°13'28.39"　地址/Address：旅顺口区文化街30号 No. 30, Wenhua Street, Lushunkou District　用途/Function：旅馆建筑, Hotel Building　公交车/Bus：旅顺口区内公交1/2/3/6/12路　联系方式/Contact：0411-86610675

大连市第一批重点保护建筑。曾作为是一所私宅以及大和旅馆旅顺分馆，现用做经济型旅馆。建筑为3层高砖木结构。现在的外观为后期改造所致，已无原建风格特点，但部分室内空间形式尚存。

内部楼梯

老照片

215 医院门诊楼（原沙俄尼克巴基赛旅馆）
Outpatient Building Of No. 215 Hospital (Original Russian Nick Pakistani Hotel)

建筑面积/Area：4064㎡　设计师/公司/Designer：—　建成时间/Built time：1901年　地理位置/Location：N38°48'22.88" E121°13'33.71"　地址/Address：旅顺口区列宁街24号 No. 24, Liening Street, Lushunkou District　用途/Function：医疗建筑 Medical Building　公交车/Bus：旅顺区内公交 1/2/3/6/12路　联系方式/Contact：0411-86383432

大连市第二批重点保护建筑，曾用作俄国统治旅顺时期私营大型旅馆。建筑为 3 层高砖木结构，建筑呈 U 字型布局，底层外墙相对封闭，与二、三层开放式阳台形成对比。外观形式简约，呈现出新古典主义风格。

关东都督府旧址
Original Site Of Kwantung Governor Hall

建筑面积/Area：6057㎡　设计师/公司/Designer：—　建成时间/Built time：1901年　地理位置/Location：N38°48'24.45" E121°13'58.62"　地址/Address：旅顺口区友谊路59号 No. 59, Youyi Street, Lushunkou District　用途/Function：行政建筑 Office Building　公交车/Bus：旅顺口区内公交1/2/3/5/6/12路　联系方式/Contact：无

大连市第一批重点保护建筑，曾作为沙俄官营旅馆，后为日本关东都督府。建筑为2层高砖木结构，外形豪华壮观，装饰巴洛克建筑风格为主，大量采用了圆形券拱的门窗及过廊造型。入口门廊上方的洋葱形装饰细部昭显俄式建筑形式特征。

老照片

旅顺火车站
Lvshun Train Station

建筑面积/Area：904.2㎡　设计师/公司/Designer：—　建成时间/Built time：1903年　地理位置/Location：N38°48'23.83" E121°14'50.24"　地址/Address：旅顺口区井岗街8号 No. 8, Jinggang Street, Lushunkou District　用途/Function：交通建筑 Transportation Building　公交车/Bus：旅顺区内公交6/12/18路　联系方式/Contact：0411-62830273

大连市第一批重点保护建筑。曾作为沙皇俄国侵占旅顺时期修筑的铁路支线的终点站，现仍在使用。建筑为单层俄式木构建筑，建筑屋顶部特征明显，四方穹顶塔楼、鱼鳞纹路的铁皮屋顶以及轻巧的站台雨篷架构，无不彰显异国风韵。建筑的广场立面相对封闭，檐部装饰构件带有东方特点，疑似后加。

老照片

剖面图

建筑面积/Area：1.14万㎡　设计师/公司/Designer：（改建）松室重光/关东都督府民政局土木课　建成时间/Built time：1902－1907年　地理位置/Location：N38°49'26.48" E121°15'33.71"　地址/Address：旅顺口区向阳街139号 No. 139, Xiangyang Street, Lushunkou District　用途/Function：会展建筑 Conference Building　公交车/Bus：旅顺区内公交3路　联系方式/Contact：0411-86610675

大连市第一批重点保护建筑。1902年由沙皇俄国始建，1907年日本扩建而成，现更名为"旅顺日俄监狱旧址博物馆"。建筑为2层高砖混结构，行政楼为欧式古典建筑样式，端庄而略显严肃；牢房部分的三叉戟布局则体现监狱的特殊功能要求及管理特点。

内院

总平面图

建筑面积/Area: 750㎡　**设计师/公司/Designer:** —　**建成时间/Built time:** 1940年　**地理位置/Location:** N38°49'5.45" E121°16'10.56"　**地址/Address:** 旅顺口区和顺街45号 No. 45, Heshun Street, Lushunkou District　**用途/Function:** 住宅建筑 Housing Building　**公交车/Bus:** 旅顺口区内公交 1/2/3路　**联系方式/Contact:** 无

大连市级文物保护单位。曾用作周文贵旧居以及台湾人开办的洪光医院。建筑为2层高梁柱结构,建筑样式为简化的折衷古典风格。细部简洁而多样,呈现出当时的新型洋房特点。

L-23
旅顺口区

旅顺日本关东高等法院旧址
Original Site Of Kwantung Japanese Court Of Lvshun

建筑面积/Area：1333㎡　设计师/公司/Designer：前田松韵/关东都督府民政部土木课　建成时间/Built time：1907年　地理位置/Location：N38°48'55.51" E121°15'46.67"　地址/Address：旅顺口区黄河路北一巷33号 No. 33, Beiyi Lane, Huanghe Street, Lushunkou District　用途/Function：医疗建筑/Medical Building　公交车/Bus：旅顺区内公交1/2/3路　联系方式/Contact：0411-88902888

大连市第一批重点保护建筑。曾用作日本关东高等法院和地方法院，现为旅顺口区人民医院。建筑为2层高砖石结构，属折衷的欧式建筑。立面上多种样式并存，和风特征要素明显，唯有入口处6根多立克柱式庄重古朴。

老照片

旅顺赤十字医院旧址
Original Site Of Lvshun Red Cross Hospital

L-24
旅顺口区

建筑面积/Area：15587㎡　设计师/公司/Designer：—　建成时间/Built time：1900年　地理位置/Location：N38°48'46.42" E121°15'37.28"　地址/Address：旅顺口区黄河路107号 No. 107, Huanghe Street, Lushunkou District　用途/Function：医疗建筑 Medical Building　公交车/Bus：旅顺口区内公交5/6/11/13路　联系方式/Contact：无

大连市第一批重点保护建筑。沙俄统治时期曾作为俄国赤十字医院。建筑为2层高砖木结构，平面沿街道布局呈L型，立面装饰丰富而优美，尤其是连续的火焰券的细部形式带有浓郁的俄罗斯东正教风格特点。外观的颜色材质等有所改变。

老照片

建筑面积/Area：4485㎡　设计师/公司/Designer：AOA建筑设计规划集团（美）　建成时间/Built time：2002年　地理位置/Location：N38°48'45.46" E121°15'53.82"　地址/Address：旅顺口区长春街3号 No. 3, Changchun Street, Lushunkou District　用途/Function：文教建筑 Educational Building　公交车/Bus：旅顺区内公交3路　联系方式/Contact：0411-86613996

建筑为3层高框架结构。建筑基地位于呈放射性街道的夹角处，其布局顺应基地形态呈扇形，弧形入口大厅与题字实墙呈90度角进行穿插，烘托建筑主要入口的特征。从建筑伸出的螺旋楼梯构成广场上的雕塑体，画龙点睛。

大连外国语大学盐场新校区
New Campus Of Dalian University Of Foreign Languages In Yanchang

建筑面积/Area：**54.6万㎡**　设计师/公司/Designer：—　建成时间/Built time：**2007年**　地理位置/Location：N38°48'24.49" E121°18'14.37"　地址/Address：旅顺口区龙王塘街道盐厂新村 Yanchang Village, Longwangtang Street, Lushunkou District　用途/Function：文教建筑 Educational Building　公交车/Bus：旅顺南路公交　联系方式/Contact：0411-82803121

校园规划设计充分利用现状地形水系，通过对建筑群构图及对建筑造型推敲，形成具有特质性的个性空间及地域标志，校园的绿地系统结构可概括为"一心、二轴、多片"。总体上形成"十"字形的景观轴线。

大连医科大学盐场新校区
New Campus Of Dalian University Of Medicine In Yanchang

建筑面积/Area：**42万㎡**　设计师/公司/Designer：三井住友建设株式会社（日）+大连市建筑设计研究院　建成时间/Built time：**2012年**　地理位置/Location：N38°48'24.25" E121°18'33.53"　地址/Address：旅顺口区龙王塘街道盐厂新村 Yanchang Village, Longwangtang Street, Lushunkou District　用途/Function：文教建筑 Educational Building　公交车/Bus：旅顺南路公交　联系方式/Contact：0411-86110085

本校区规划设计整体性强，建筑布局依山就势，单体建筑遵循共通设计原则，空间形式及材质既统一又多样。校区景观环境融入"大海、波浪、灯塔、卵"等设计元素，综合设计质量较高。规划设计方案获得 2005 年全国人居经典规划设计方案竞赛综合大奖。

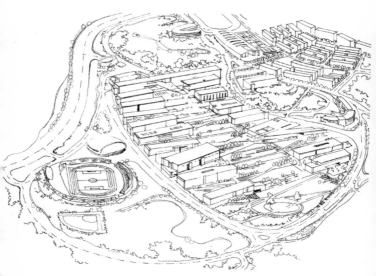

L-28 亿达文体中心
旅顺口区
Yida Culture and Sports Center

建筑面积/Area：1.12万㎡　设计师/公司/Designer：DDG公司（美）+大连市建筑设计研究院
建成时间/Built time：2006年　地理位置/Location：N38°48'24.72" E121°13'52.53"　地址/Address：
旅顺口区新城大街747号 No. 747 ,Xincheng Street, Lushunkou District　用途/Function：体育建筑
Sports Building　公交车/Bus：旅顺区内公交506/515/517路　联系方式/Contact：0411-86383432

旅顺亿达文体中心由纯美式风格的现代化场馆和宽敞开阔的奥林匹克文化广场构成，是
集健身、游泳、球类运动、儿童活动中心、文化培训于一体的综合类场馆。

附录·索引

Z-22　老照片：http://oysg.blog.163.com/blog/static/175060495201011881 45717/
Z-24　右图：西泽泰彦.(日).图说大连都市物语.河出书房新社.1998.P9.
Z-47　http://blog.sina.com.cn/s/blog_4b61b3900102ebtf.html
GX-09　平面图：齐康.创意设计.中国建筑工业出版社.2010.P165.
L-04　老照片：金沢求也.《南满洲写真大观》.
L-08　图片：http://www.dllsk.gov.cn/lskdetail.asp?newsID=27151&classid=13
L-09　老照片：金沢求也.《南满洲写真大观》.满洲日日新闻社.1912.
L-11　http://blog.sina.com.cn/s/blog_4f75a2360100yn7n.html
L-12　http://dlhonglin.blog.sohu.com/221041153.html
L-14　老照片：http://bbs.unpcn.com/archiver/showtopic-202895.aspx
L-15　老照片：http://bbs.unpcn.com/archiver/showtopic-202895.aspx
L-17　楼梯、建筑老照片：http://bbs.unpcn.com/archiver/showtopic-202895.aspx
L-19　老照片：金沢求也.《南满洲写真大观》.满洲日日新闻社.1912.
L-20　http://news.dl.soufun.com/2010-09-13/3786018_3.html
L-23　老照片：http://bbs.unpcn.com/archiver/showtopic-202895.aspx
L-24　老照片：金沢求也.《南满洲写真大观》.满洲日日新闻社.1912.

图片来源

崔岩（大连市建筑设计研究院）：
Z-05 右；Z-07 右；Z-11-19 右上；Z-14 左上、下；Z-39 右；Z-42 左下、右；Z-43 下；Z-45 下；Z-50 中上、右下；X-11 下；S-01 左下、右下；S-13 下；S-14 右；G-01 右上、下；G-04 下；GX-16 下；L-27 中上、右中；

曲敬铭（大连理工大学）：
L-01 下

高德宏（大连理工大学）：
X-12 右；

大连都市发展设计研究院：
X-21 左下、右下；GX-12 左上；

除以上人士及单位提供照片外，其余照片及图纸均为自己拍摄和绘制。

联系方式

邮箱：fanyuelab@163.com
电话：0411-84706442
传真：0411-84707504

后记

　　由于在国内可参照的图书比较少，本书从策划到成书摸索了较长的时间。出版过程中得到了各方人士的大力支持，王时原、周博、崔岩、周宁等对于本书内容框架、代表性建筑遴选，以及历史建筑的述评等方面给予了中肯而专业的建议。

　　如前言所述，本书的每件作品都有详细的信息梳理和述评，这些都建立在庞大的基础调研基础上。感谢研究室刘扬、周佳悦、王云、李晓阳、王春光、王翔、赵杰、李泽辉、刘劲、于天怡、李旎、李森子等同学付出的辛苦工作，看到同学们投入并乐在其中的样子，作为教师，我们感到莫大的充实和欣慰。

　　本书在撰写过程中还得到了大连市规划局唐东宁副局长、李中处长、迟旭辉处长、大连市城市规划设计研究院赵彦书记的肯定和鼓励。中国建筑工业出版社的徐冉编辑在选题和版式方面给予大力支持。

　　由于本书涉及的信息广泛而动态，并带有一定的主观性，欢迎各方给予批评指正。为了今后进一步的扩充和提升本书的内容，请持续关注本书并推荐优秀的建筑作品。